SYSTÊME

DES

CONNAISSANCES CHIMIQUES.

SYSTÊME
DES
CONNAISSANCES CHIMIQUES,
ET DE LEURS APPLICATIONS
AUX PHÉNOMÈNES
DE LA NATURE ET DE L'ART;

PAR A. F. FOURCROY,

De l'Institut national de France; Conseiller d'État; Professeur de chimie au Muséum d'histoire naturelle, à l'École polytechnique et à l'École de médecine; des Sociétés philomathique et philotechnique, d'Agriculture, d'Histoire naturelle; de la Société médicale d'émulation, de celle des Amis des arts, de celle des Pharmaciens de Paris; du Lycée républicain, du Lycée des arts; membre de plusieurs Académies et Sociétés savantes étrangères.

TOME IV.

PARIS,

BAUDOUIN, Imprimeur de l'Institut national des Sciences et des Arts, rue de Grenelle-Saint-Germain, n°. 1131.

BRUMAIRE AN IX.

A. F. Fourcroy   Baudouin

SYSTÊME

DES

CONNAISSANCES CHIMIQUES.

SUITE

DE LA

CINQUIÈME SECTION.

SUITE
DE
LA CINQUIÈME SECTION.

ARTICLE XII.

GENRE XI.

CARBONATES TERREUX ET ALCALINS.

§. Ier.

Des caractères génériques de ces sels.

1. Les carbonates ou les combinaisons saturées de l'acide carbonique avec les bases terreuses et alcalines sont le dernier genre des sels dans ma méthode, parce que l'attraction générale de cet acide pour les bases est la plus faible et la plus facile à détruire. Quoique ces sels soient, dans l'ordre historique, les derniers connus ou les plus récemment découverts, leurs propriétés ont été mieux déterminées et plus approfondies, depuis trente ans qu'on les examine, que celles de la plupart des genres précédens ; et il n'en est pas dont l'histoire soit aussi complète, aussi exacte, aussi lumineuse. Ils tiennent un rang d'autant plus distingué dans les composés salins, qu'à mesure qu'on a reconnu leurs propriétés, elles ont porté tout-à-coup dans la chimie une foule de connaissances nouvelles et expliqué un grand nombre de phénomènes, méconnus ou mal interprétés avant leur découverte. On peut même dire qu'en détruisant une grande masse d'erreurs, d'incertitudes, de préjugés sur le résultat de la plupart des opérations chimiques, l'étude des carbonates et de leurs actions réciproques,

a tellement contribué aux progrès de la science qu'elle l'a véritablement fait changer de face.

2. C'est à l'illustre M. Black qu'on doit la première connaissance de ces substances salines confondues, avant lui, avec les alcalis et les terres alcalines dont on ignorait encore et les différens états et la pureté. Ce premier trait de génie et de lumière date de 1756. En considérant l'acide carbonique qu'il nommait air fixe avec Hales, comme adoucissant les alcalis, les faisant cristalliser, leur donnant la propriété de faire effervescence avec les acides, en montrant l'attraction de cet acide plus forte pour la chaux que pour les alcalis, et la production de la causticité comme la suite nécessaire de son absorption par la terre calcaire pure, le professeur Black a ouvert une carrière neuve et immense que les chimistes contemporains ont bientôt parcourue à grands pas, et qui leur a présenté une série de découvertes de la plus grande importance.

Lavoisier s'y est un des premiers engagé avec M. Cawendish, de 1766 à 1772; et tous deux, en déterminant les quantités de cet être volatil et fugace qu'ils n'osaient point encore regarder comme un acide, soit dans son dégagement, soit dans sa fixation, y ont porté les premiers une précision dont toutes les expériences et les recherches subséquentes se sont ressenties.

Chaulnes a bientôt trouvé, en 1773, l'art de faire cristalliser les alcalis, en tenant leurs dissolutions plongées et agitées au-dessus d'une cuve de bierre en fermentation, et en les saturant de cet acide gazeux dégagé de la bierre.

Bergman à la même époque a examiné, dans une savante dissertation sur ce nouveau corps qu'il nommait *acide aérien*, les propriétés de la plupart de ses combinaisons avec les terres et les alcalis.

Depuis cet habile chimiste, on n'a plus fait qu'ajouter peu à peu des notions plus précises et plus étendues sur chacun de ces sels : et les travaux successifs de Rouelle, du citoyen Berthollet, de M. Kirwan, du citoyen Guyton, de Pelletier, de

Bayen, de MM. Withering, Péarson, Tennant, et de la plupart des chimistes modernes, ont tellement perfectionné la connaissance des carbonates terreux et alcalins, qu'il ne reste presque plus rien à faire sur leur histoire, et qu'elle laisse même, en considérant toutes les espèces individuellement, beaucoup moins de lacunes que celle des autres genres.

3. Les carbonates ont d'abord été nommés terres ou alcalis *doux*, *adoucis*, *effervescens*, en y considérant seulement leurs différences dans cet état comparé à celui de leur causticité ou de leur pureté. Bergman les a nommés terres ou alcalis *aérés*, d'après sa dénomination d'acide aérien. Le citoyen Guyton, en adoptant celle d'acide *méphitique*, les appellait méphites de telle ou telle base. Le nom d'acide crayeux que j'avais adopté dès 1778, avec Bucquet, nous les fit nommer en commun des *craies* alcalines ou terreuses. Mais lorsque la nature de l'acide qui les forme fut bien connue, et qu'on le désigna sous le nom de carbonique, on forma le mot *carbonates*, pour exprimer ces combinaisons salines.

4. La plupart des carbonates terreux et alcalins existent dans la nature; ils y forment même des masses considérables auxquelles le globe doit une partie de ses couches et de sa solidité. Quelques-uns, trouvés moins abondamment, n'y occupent que quelques points ou n'en constituent que des filons étroits. Il est rare que ces sels y soient bien isolés et bien purs, quoiqu'on en trouve plusieurs dans cet état; le plus souvent ils sont mêlés deux ou trois ensemble, ou déposés avec de la silice, de l'alumine, des oxides métalliques; rarement font-ils partie des montagnes primitives; on les rencontre bien plus fréquemment dans les secondaires ou dans celles de dernière formation.

5. Ceux que la nature offre purs peuvent servir dans leur état naturel aux expériences de chimie; souvent l'art les prépare lui-même en unissant directement l'acide carbonique avec des bases terreuses ou alcalines, en recevant cet acide gazeux

dans leurs dissolutions jusqu'à ce qu'elles soient bien saturées et qu'elles refusent d'en absorber de nouveau, ou entièrement déposées ou précipitées, lorsque le caractère de ces carbonates est d'être indissolubles. On est sûr d'avoir ces sels très-purs, lorsque les bases qu'on employe pour les former sont elles-mêmes très-pures, et lorsqu'on n'a soin de n'y combiner que de l'acide carbonique privé du peu d'acide dont on se sert pour le dégager et qu'il a coutume d'enlever avec lui. Pour cela, avant de le recevoir dans les dissolutions de terres ou d'alcalis qu'on veut en saturer, on le fait passer à travers une petite quantité d'eau où il dépose cette portion d'acide étranger.

6. Quoique les propriétés physiques soient peu propres à caractériser les genres de sels et appartiennent beaucoup plutôt aux espèces, il en est quelques-unes qu'on peut trouver dans les carbonates, et qu'on doit considérer dans leur ensemble. La saveur de ces sels souvent nulle ou terreuse est quelquefois alcaline et urineuse ; mais alors elle est faible et supportable. Voilà pourquoi on a dit d'abord *alcalis doux* pour les désigner. Tous sont susceptibles de prendre des formes régulières, et il n'est pas de sels que la nature semble se complaire davantage ou qu'il lui coûte en apparence si peu de faire paraître en cristaux polyédriques, ou en figures bien déterminées, mais sur-tout extrêmement variées. La dureté de quelques-uns est extrême, tandis que d'autres sont friables ou même sans aggrégation. C'est la solidité des premiers réunie à l'insipidité et à leur indissolubilité apparente qui les a si long temps fait ranger parmi les pierres par les minéralogistes.

7. La lumière ne les change pas ; la plupart la laissent passer très-facilement ; quelques-uns opèrent une double réfraction. Le calorique les décompose presque tous en leur enlevant l'eau et l'acide carbonique, de manière à les réduire à l'état de leurs bases pures ou isolées : à la vérité cette décomposition, très-facile pour le plus grand nombre, est extrêmement difficile pour quelques-uns ; ce qui tient à la différence

d'attraction de l'acide carbonique pour chacune de ces bases.

8. Il n'y a aucune action de l'oxigène et de l'azote, en gaz ou combinés, sur les carbonates. L'air et son humidité ne les altère pas non plus ; ils ne sont pas déliquescens ; quelques-uns même sont très-efflorescens.

9. Ils varient beaucoup par la manière dont les corps combustibles peuvent les altérer. Le carbone rend souvent leur acide plus volatil et plus facile à séparer par l'action du feu, sans qu'on puisse encore savoir comment il produit ce singulier effet. Le phosphore, chauffé fortement avec les carbonates, en décompose l'acide, devient lui-même acide phosphorique qui forme des phosphates avec les bases, et isole le carbone qui noircit le mélange. Cette décomposition qui n'a pas lieu aussi facilement pour tous les carbonates et que n'éprouvent même point du tout quelques-uns d'entre eux, paraît d'autant plus singulière au premier coup-d'œil, que c'est au contraire le carbone qui décompose l'acide phosphorique seul, et qu'il a réellement plus d'attraction pour l'oxigène que n'en a le phosphore. Il faut, pour expliquer ce phénomène, se rappeler que si c'est le carbone qui décompose l'acide phosphorique seul, et si le phosphore ne décompose point l'acide carbonique isolé, d'un autre côté le carbone n'a nulle action sur l'acide phosphorique uni aux bases, et ne donne point de phosphore avec ces sels, comme on l'a vu dans les caractères du genre des phosphates, tandis que le phosphore ne décompose l'acide carbonique qu'autant que celui-ci est uni à des bases ou à l'état de carbonates. C'est donc dans l'attraction de ces dernières pour l'acide phosphorique que repose la raison de la décomposition de l'acide carbonique des carbonates par le phosphore, et de la non-décomposition des phosphates par le carbone. On trouve dans cette action remarquable un effet et un exemple également frappans de ce que j'ai nommé attractions disposantes.

10. Les carbonates se divisent en deux branches par rapport à l'action de l'eau ; les uns y sont presque indissolubles, les autres s'y dissolvent bien ; quelques-uns sont plus solubles dans l'eau chaude que dans l'eau froide. On trouve dans cette propriété des caractères spécifiques.

11. Tous les acides ont plus d'attraction pour les bases terreuses et alcalines que n'en a l'acide carbonique ; tous, versés liquides sur des carbonates solides et cristallisés, y occasionnent une vive effervescence, et en dégagent l'acide carbonique, sous forme de fluide élastique. Cette effervescence qui était autrefois regardée comme un caractère des alcalis, n'en est plus un que pour les carbonates. Le passage de l'acide carbonique, qui y est contenu solide, à l'état de gaz ou de fluide élastique, annonce qu'il y a du calorique dégagé de la nouvelle combinaison entre les bases et les acides décomposans, et que ce calorique s'unit à l'acide carbonique et lui donne la forme gazeuse.

Aussi n'y a-t-il point de chaleur pendant ces décompositions accompagnées d'effervescence ou d'une espèce d'ébullition, tandis qu'il s'en présente une très-forte, lorsqu'on unit ces bases terreuses et alcalines pures et caustiques, aux acides qui les saturent alors sans mouvement ni dégagement de bulles.

12. On se sert de cette décomposition des carbonates par les acides nitrique, muriatique, ou sulfurique, pour recueillir l'acide carbonique sous forme gazeuse. On l'opère dans des bouteilles de verre, garnies de tubes recourbés, qui portent le gaz sous des cloches pleines d'eau, ou dans des flacons pleins de différens liquides qu'on veut impregner de cet acide.

13. L'acide carbonique s'unit en excès à la plupart des carbonates, ou plutôt les rend dissolubles dans l'eau, lorsqu'ils ne le sont pas par eux-mêmes. Il paraît que c'est ainsi que la nature parvient à dissoudre les carbonates terreux dans l'eau et les fait cristalliser, comme on le verra dans l'histoire de ces espèces.

14. Les carbonates décomposent beaucoup de sels que les bases seules ne décomposeraient pas, à cause de la double attraction qu'exerce l'union de l'acide carbonique avec ces bases.

La chimie, depuis la découverte de ces décompositions, a fait un grand nombre d'autres découvertes sur les substances salines, leur nature et leurs produits, et a beaucoup étendu par elle la doctrine des attractions électives.

15. Les usages des carbonates terreux et alcalins sont extrêmement multipliés; ils sont souvent pour le chimiste des moyens précieux autant qu'exacts d'analyse et de synthèse. On en fait une foule d'applications immédiatement utiles dans les arts. La plupart sont des médicamens très-avantageux que le pharmacien prépare, et que le médecin administre avec des notions positives de leur nature et de leurs vertus. Enfin le minéralogiste en les trouvant dans les collections, et le géologiste dans ses courses, s'élèvent par les lumières que leur fournit la chimie, à de grandes et importantes spéculations sur leur influence et leur formation, et sur la théorie des montagnes, ainsi que sur celle des eaux qui en déplacent et en changent perpétuellement les couches.

16. En appliquant toujours ma méthode systématique des sels fondée sur l'attraction relative des bases pour l'acide qui constitue le genre, je distingue treize espèces déterminées de carbonates, et je les range dans l'ordre suivant :

1°. Carbonate de barite;
2°. Carbonate de strontiane;
3°. Carbonate de chaux;
4°. Carbonate de potasse;
5°. Carbonate de soude;
6°. Carbonate de magnésie;
7°. Carbonate d'ammoniaque;
8°. Carbonate ammoniaco-magnésien;
9°. Carbonate de glucine;
10°. Carbonate d'alumine;

11°. Carbonate de zircone ;
12°. Carbonate ammoniaco-zirconien.
13°. Carbonate ammoniaco-glucinien.

§. II.

Des caractères spécifiques des carbonates terreux et alcalins.

ESPÈCE I. — *Carbonate de barite.*

A. *Synonymie ; histoire.*

1. Il n'y a que vingt ans, depuis 1776, qu'on a eu la première connaissance de ce sel, et seize qu'on l'a trouvé dans la nature. C'est à Schéele et à Bergman qu'est due sa découverte, et à M. Withering, anglais, qu'on doit la première notion de son existence naturelle. Ses propriétés ont été successivement examinées par M. Kirwan, Pelletier, M. Hope et moi ; il reste aujourd'hui peu de choses à terminer pour en avoir une connaissance complète.

2. On l'a nommé *spath pesant aéré*, *barosélénite aérée*, *terre pesante aérée*, *méphite de barite*, *craie de barite*, *witherite*, parce que M. Withering l'avait découverte.

B. *Propriétés physiques ; histoire naturelle.*

3. Le carbonate de barite, préparé artificiellement est sous la forme d'une poussière blanche, insipide, pesant 3,763.

4. Celui qu'on a trouvé assez abondamment à Moor-Alston, dans le Cumberland, est en masses striées, lamelleuses, demi-transparentes : sa forme primitive présumée est le prisme hexaèdre. Sa pesanteur est de 4,331.

5. On l'a encore rencontré dans le Scholtand en Suède

dans les mines de charbon de Lancashire. Il est souvent mêlé avec du sulfate de barite, du carbonate de chaux, des oxides de fer, du sulfate de fer. Quoiqu'on trouve beaucoup plus fréquemment le sulfate de barite que le carbonate, on peut présumer qu'on le trouvera beaucoup plus abondamment par la suite : et cette recherche doit exciter le plus grand zèle parmi les minéralogistes, puisque, comme on le verra d'après ses propriétés, ce sel terreux doit devenir quelque jour de la plus grande utilité dans les arts.

C. *Extraction ; préparation ; purification.*

6. Quand on possède le carbonate de barite natif, il n'y a qu'à le choisir bien pur, bien lamelleux, sans mélange d'oxides métalliques, ni de corps étrangers quelconques.

7. Il y a quatre moyens principaux de le préparer artificiellement, soit en exposant la dissolution de barite pure à l'air ; elle s'y recouvre d'une pellicule de ce sel en absorbant l'acide carbonique de l'atmosphère ; soit en faisant passer dans cette dissolution, du gaz acide carbonique qui s'y fixe et y forme sur-le-champ un précipité abondant ; soit enfin en décomposant par la voie sèche et à l'aide du feu le sulfate de barite natif, par le carbonate de potasse ou de soude, en lavant le mélange par l'eau qui enlève le sulfate soluble, et laisse le carbonate de barite insoluble ; soit enfin en précipitant le nitrate et le muriate de barite dissous par des dissolutions de carbonate de potasse, de soude, ou d'ammoniaque. Les deux premiers et le quatrième procédés donnent ce sel très-pur quand on lave bien le précipité. Le troisième ne fournit qu'un mélange de carbonate et de sulfate de barite, ce dernier n'étant jamais complétement décomposé.

D. *Action du calorique.*

8. Le carbonate de barite artificiel, ni le carbonate de barite

natif ne perdent point leur acide carbonique par l'action du feu. Le premier contenant beaucoup plus d'eau que le second, et ce liquide n'étant pas très-adhérent dans ce sel pulvérulent, perd 0,28 de son poids, et une partie de son acide s'échappe avec elle par la calcination; tandis que le second ne perd rien. M. Withering a le premier observé que ce sel natif se fondait au grand feu plutôt que de laisser aller l'acide carbonique qu'il contenait. Il devient seulement blanc opaque comme du biscuit de porcelaine; il prend aussi une couleur verte bleuâtre dans son intérieur.

E. *Action de l'air.*

9. Il est entièrement ou complétement inaltérable à l'air.

F. *Action de l'eau.*

10. L'eau froide n'attire presque en aucune maniere le carbonate de barite. J'ai cependant trouvé que, laissée long temps en contact avec celui de Moor-Alston en poudre très-fine, elle en avait dissous $\frac{1}{4304}$; et que l'eau bouillie long temps avec ce sel natif en avait enlevé $\frac{1}{2304}$.

G. *Décomposition; proportion.*

11. M. Hope a trouvé qu'en chauffant le carbonate de barite dans un creuset de plombagine il perdait son acide carbonique, tandis que dans un creuset de terre il ne laissait rien échapper. Pelletier, qui a vérifié et confirmé cette singulière expérience dont la théorie ne nous est pas connue, l'a répétée d'une manière plus exacte. Il a fait une pâte de cent parties de ce sel et de dix parties de charbon, qu'il a chauffée au milieu de la poussière de charbon, et par ce procédé simple il a obtenu de la barite pure et dissoluble; c'est donc un moyen d'extraire cet alcali caustique bien pur, bien cristallisable, en un mot jouissant de toutes les propriétés décrites à son article.

12. Quoique tous les acides décomposent le carbonate de barite, chacun d'eux opère cet effet avec quelques phénomènes particuliers. L'acide sulfurique, concentré ou étendu de trois à quatre parties d'eau, n'en dégage l'acide carbonique avec effervescence qu'à l'aide de l'élévation de température. L'acide nitrique concentré n'a aucune action sur lui, il le dissout complétement à froid et avec une vive effervescence lorsqu'il est étendu d'eau, il se forme du nitrate de barite qui reste en dissolution dans la liqueur, de manière qu'il n'y a aucun résidu solide, quand le carbonate de barite est bien pur, comme je l'ai vu pour celui de Moor-Alston.

13. Ce sel en petits morceaux, comme les deux cas précédamment cités, est aussi inattaquable par l'acide muriatique concentré; quand cet acide est étendu, il attaque le carbonate de barite avec une espèce de décrépitation, il en dégage le gaz acide carbonique en grosses bulles intermittentes, si l'acide est encore fort, et en un jet continu de petites bulles jusqu'à complète dissolution, si l'acide est assez faible pour ne plus peser qu'entre $\frac{1}{25}$ ou $\frac{1}{30}$ plus que l'eau. L'acide muriatique concentré, qui n'agit point à froid sur le carbonate de barite, le dissout avec une forte effervescence à l'aide de la chaleur; mais dans ce cas, le sel se prend en masse. De l'acide muriatique concentré et fumant, versé dans un mélange de carbonate de barite et de cet acide faible qui le décompose bien, arrête tout-à-coup l'effervescence et la dissolution; en ajoutant de l'eau, l'action interrompue recommence. Du muriate de barite solide, jeté dans le mélange en effervescence, l'arrête aussi. On reconnaît dans ces faits l'influence de l'eau et de son calorique qui écarte les molécules de l'acide, celles du carbonate de barite, et qui favorise sa dissolution comme sa décomposition. J'ai fait voir le sujet des attractions multipliées qui naissent dans ces mélanges, dans le mémoire que j'ai publié en 1790, sur l'analyse du carbonate de barite natif de Moor-Alston. (*Voyez Annales de chimie, tom. IV*, pag. 62, *et le*

Dictionnaire de chimie de l'Encycloped. méthod. — tom. 3, *p.* 9.)

14. L'acide phosphorique et l'acide fluorique agissent également sur le carbonate de barite, et chassent l'acide carbonique en s'unissant à sa base, mais moins facilement que les acides nitrique et muriatique affaiblis.

15. L'acide carbonique liquide, ou l'eau acidule dissout $\frac{1}{830}$ de ce sel en poudre, plus du double, comme on voit, de ce que dissout l'eau bouillante. Cette dissolution se décompose à l'air et par l'addition de toutes les matières alcalines et terreuses, dissolubles, qui s'emparent très-vîte de l'acide carbonique dissolvant, en précipitant le carbonate de barite dissous. On peut croire que c'est à l'aide de cet acide que la nature dissout et fait cristalliser ce sel dans le sein de la terre.

16. Le carbonate de barite n'a aucune action sur les sels; mais si on le fait fortement chauffer avec ceux même de ces composés dont les principes sont les plus adhérens, en y mêlant préalablement du charbon qui a, comme l'on sait, la propriété d'en faire dégager l'acide carbonique, alors la barite devenue libre se porte sur les acides et en dégage la base. Par ce procédé on peut décomposer les sulfates et les muriates de potasse de soude, etc.

17. Les chimistes qui ont analysé le carbonate de barite, soit artificiel, soit natif, et qui ont cherché à déterminer la proportion de ses principes, ne sont pas parfaitement d'accord entre eux sur le résultat de leurs analyses. M. Kirwan dit que cent parties de ce sel artificiel contiennent :

Barite. . . . . 65.
Acide carbonique. 27.
Eau. . . . . 28.

Suivant lui, cent parties de carbonate de barite natif sont composées de

Barite. . . . . 78.
Acide carbonique. 20.
Sulfate de barite. 2.

Dans mes recherches sur le même sel de Moor - Alston, choisi à la vérité bien pur, je n'ai point trouvé de sulfate de barite et il m'a présenté les proportions suivantes :

Barite . . . . 90.
Acide carbonique . 10.

J'observe cependant que la proportion de barite paraît être un peu trop forte, et que sur son poids il faut prendre celui de l'eau qui m'est inconnue, mais que j'y admets quoique M. Kirwan en nie l'existence dans ce sel. Pelletier a trouvé dans cent parties de ce sel natif,

Barite . . . . . . 62.
Acide carbonique 22.
Eau . . . . 16.

H. *Usages.*

18. Le carbonate de barite n'est encore d'usage que dans les laboratoires de chimie, pour les expériences de démonstration. Quand on l'aura trouvé plus abondamment dans la nature, il deviendra d'une grande utilité. Non-seulement on s'en servira en chimie pour préparer tous les sels baritiques; mais il pourra rendre d'importans services dans les manufactures pour l'exploitation de plusieurs matières salines et pour l'extraction de leurs bases. Quelques médecins ont proposé l'usage de ce sel comme médicament: on doit être prévenu qu'il empoisonne les animaux, et que son administration médicale exige conséquemment la plus sévère et la plus habile circonspection.

Espèce II. — *Carbonate de strontiane.*

A. *Synonymie; histoire.*

1. Crawford soupçonna le premier que le fossile trouvé à Strontian en Ecosse, et regardé comme du carbonate de

barite, contenait une terre particulière. M. Hope le prouva en novembre 1793, et nomma ce sel *strontite*. M. Klaproth a confirmé ce résultat et découvert de son côté le carbonate de strontiane comme un sel particulier, sans connaître les travaux antérieurs de M. Hope. M. Schmeisser, de Hambourg, l'annonça dans son ouvrage de minéralogie. Blumenbach et Sulzer l'avoient nommée strontianite. Il a été confondu pendant plusieurs années avec le carbonate de barite natif ou la witherite. Pelletier, le citoyen Vauquelin et moi, nous l'avons examiné à Paris, et nous nous sommes convaincus que malgré quelques analogies avec le carbonate de barite natif, ce sel en différait cependant par plusieurs propriétés déja trouvées par MM. Crawford, Hope et Klaproth, et qui vont être décrites ici.

B. *Propriétés physiques; histoire naturelle.*

2. Le carbonate de strontiane est en aiguilles ou prismes fins striés qui paraissent être hexaèdres, d'un blanc un peu verdâtre. Il pèse de 36,583 à 36,750. Suivant Pelletier, il est sans saveur.

3. On l'a trouvé d'abord à Strontiane dans l'Argyleshire, ou le comté d'Argyle, situé à la partie occidentale du nord de l'Ecosse. Il y accompagne un filon de mine de plomb; le citoyen Guyot l'a trouvé à Lead'hills en Ecosse et il l'a pris pour du carbonate de barite. Le cit. Guyton assure qu'il accompagne quelques espèces de sulfate de barite. Il est très-vraisemblable qu'on le trouvera abondamment en France, puisqu'on vient d'y trouver le sulfate de strontiane, et qu'il peut bien exister dans les lieux où ce dernier est placé.

C. *Préparation; purification.*

4. On peut le faire artificiellement en saturant une dissolution de strontiane d'acide carbonique, ou en précipitant des sels solubles de cette base par les carbonates alcalins.

5. On connaît ce sel depuis trop peu de temps encore pour savoir comment le purifier des différentes matières qui peuvent l'accompagner dans la nature; mais on peut préférer, pour l'avoir bien pur, de le préparer artificiellement.

D. *De l'action du calorique.*

6. Quand on calcine le carbonate de strontiane dans un creuset sans le chauffer assez pour le faire fondre, il laisse échapper cinq ou six parties sur cent d'acide carbonique, on en sépare ensuite, à l'aide de l'eau chaude, de la strontiane pure et cristallisable par le refroidissement. Ce sel est donc plus aisément décomposable que le carbonate de barite. Quand on le pousse fortement au feu, il attaque le creuset et se fond en un verre imitant la couleur de la chrysolithe ou du phosphate de chaux pyramidé.

E. *Action de l'air.*

7. Il est entièrement inaltérable à l'air.

F. *Action de l'eau.*

8. L'eau n'agit pas plus sur lui que sur le carbonate de barite.

G. *Décomposition ; proportion.*

9. Le charbon avec lequel on le chauffe, après avoir réduit ce mélange en pâte suivant le procédé de Pelletier, favorise le dégagement de l'acide carbonique en gaz; il perd ainsi 0,28 de son poids, et la strontiane se trouve pure et peut être dissoute dans l'eau bouillante d'où elle se dépose en cristaux par le refroidissement. Lorsqu'on le jette en poudre sur des charbons bien allumés, ou sur la flamme d'une bougie, il présente une scintillation rouge. On observe le même phénomène au chalumeau qui fond ce sel en un globule vitreux opaque, tombant en poussière à l'air.

10. Les acides le décomposent et en dégagent l'acide carbonique avec effervescence. Cent parties de ce sel dissoutes dans l'acide nitrique affaibli, ont perdu 80 par l'effervescence. L'acide muriatique se comporte avec lui comme avec le carbonate de barite, et on sait que le muriate de strontiane qui en provient se distingue sur-tout de celui de barite par la propriété de colorer la flamme en rouge pourpre et par sa forme, etc. Quand on le traite par l'acide sulfurique, quoique l'eau distillée ne dissolve que très-peu le sulfate de strontiane formée, il devient cependant très-sensible par le précipité qu'y forme le muriate de barite.

11. Il n'y a pas d'action de la part des bases sur le carbonate de strontiane; si l'on excepte la barite qui, chauffée avec le carbonate de strontiane, le décompose et met cette terre à nu, on n'en observe pas davantage sur les sels de la part de ce composé.

12. Si ces propriétés qui paraissent peu marquées dans leurs différences entre les deux premiers carbonates et qui ont empêché les chimistes de les distinguer pendant plusieurs années, pouvaient laisser du doute sur leur diversité, qu'on rapproche la pesanteur moindre de celui-ci, la perte d'une partie d'acide par le feu, la couleur rouge communiquée à la flamme, sa décomposition par le barite caustique, et ce doute sera bientôt dissipé; on va voir encore dans la proportion des principes et dans l'action sur l'économie animale de nouvelles preuves de la différence de ces deux carbonates.

13. D'après l'analyse de Pelletier, cent parties de carbonate de strontiane sont composées de

Strontiane	62.
Acide carbonique	30.
Eau	8.

H. *Usages.*

14. On n'a encore fait aucun usage du carbonate de strontiane : il faut remarquer cependant que dans ses utiles essais sur ce sel, Pelletier a trouvé qu'il n'était pas nuisible et vénéneux pour les animaux comme le carbonate de barite, cela doit engager les médecins à examiner les propriétés des sels solubles de cette base, et à les comparer avec celles des composés salins dont la barite fait partie.

Espèce III. — *Carbonate de chaux.*

A. *Synonymie; histoire.*

1. Il y a peu de corps salins aussi intèressans dans leur histoire que le carbonate de chaux. Existant en grande masse dans la nature, contribuant à la formation des montagnes dont il compose souvent la plus grande partie, se déposant sans cesse au fond des mers où il sert pendant quelque temps de soutien, d'enveloppe ou de squelette à d'innombrables myriades d'animaux, se présentant dans mille fentes ou cavités souterraines, sous la forme brillante ou variée de cristaux transparens et réguliers, s'y entassant en couches terrestres immenses et pierreuses, là pendant en stalactites au haut des cavernes, plus loin congelé ou incrusté sur différens corps, dans un autre lieu composant le sol des plaines et recevant les moissons, ailleurs, et dans une foule d'endroits, dissous dans les eaux et coulant liquide avec elles, de là, transporté par les efforts de l'homme sur la surface du globe et servant aux monumens qu'il y élève, chauffé dans les fours pour y devenir de la chaux vive si nécessaire aux constructions, introduit en un mot dans une grande quantité d'ateliers pour y remplir des usages multipliés, le carbonate de chaux inté-

resse tout-à-la-fois le géologiste, le minéralogiste, le chimiste, le philosophe, le physicien, le manufacturier, l'artiste et l'ouvrier. Aussi a-t-il fait l'objet de beaucoup de travaux et de recherches, après l'époque si brillante où Black a commencé à le faire connaître avec exactitude, à le faire passer en quelque sorte de la classe des pierres ou des terres dans celle des sels. Les expériences successives de Bergman, de Priestley, de Rouelle, de Lavoisier et de plusieurs autres, ont développé toutes ses propriétés chimiques ; tandis que les études minéralogiques de Hill, Romé-Delisle, Kirwan, le citoyen Haüy en scrutaient et les diverses variétés naturelles et les formes si nombreuses et si variées, et les lois de structure qui ont présidé à ces forces diverses.

2. Comme le carbonate de chaux a été en même temps un objet de recherches immenses pour les minéralogistes et pour les chimistes, on le trouverait désigné par une foule de synonymes si l'on comptait parmi les noms qu'il a portés, ceux qu'on a donnés aux fossiles si variés qu'il présente. Ainsi c'est *la matière calcaire* en général, la terre *calcaire*, *la craie*, *la pierre à chaux*, *la pierre à bâtir*, *le tuf*, *le cron*, *le falun*, *le marbre pur*, *le spath calcaire*, *les incrustations*, *les guhrs*, *les stalactites*, *les albâtres*, *le blanc d'Espagne*, suivant les formes qu'il affecte, les apparences qu'il montre, les lieux qu'il occupe, les ressemblances qu'il présente, les usages auxquels on le destine. De leur côté, les chimistes, à mesure qu'ils l'ont mieux connu, l'ont successivement désigné par les mots *chaux adoucie*, *chaux effervescente*, *chaux aérée*, *méphite de chaux*, *craie calcaire*, enfin carbonate de chaux ou carbonate calcaire, dernier nom donné dans la nomenclature méthodique et adopté généralement dans toutes les langues et tous les ouvrages de chimie moderne.

B. *Propriétés physiques ; histoire naturelle.*

3. Le carbonate de chaux est sans saveur, ce qui l'a fait

long temps regarder comme une pierre dans son état. Il se cristallise en rhombes transparens, et subit de très - nombreuses variétés de formes, il offre alors une double réfraction. Il pèse 2,700.

4. Comme il est excessivement abondant et varié dans la nature, les lithologistes en ont fait une classe entière de terres ou de pierres, sous le nom de calcaires; ils les ont divisées en ordre, en genres, en espèces, en variétés, dont ils ont décrit des suites extrêmement nombreuses, et qu'on pourrait encore multiplier davantage, sans espérance d'offrir ni de réunir jamais tout ce que la nature présente. On peut cependant réduire à quelques traits généraux et simples cette histoire naturelle de la matière calcaire, l'un des fondemens de notre globe, et l'un des plus abondans matériaux dont il est composé.

5. On peut en former six genres principaux par rapport aux principales différences que ce sel affecte dans la nature. Le premier comprend le carbonate de chaux primitif, celui qu'on trouve dans les montagnes primitives ou de première formation, sans qu'on puisse y reconnaître son ancienne origine; il est en couches horizontales ou verticales, remplissant des fentes de granit ou de schiste; il est souvent assez pur, quelquefois mêlé de silice ou d'alumine.

Le second genre appartiendra aux dépôts coquilliers, madréporeux, lithophyteux, si abondans au sein des montagnes modernes, formant le sol de tant de plaines, comprenant depuis les coquilles fossiles dont les espèces sont faciles à déterminer jusqu'aux terres résultantes de leur broiement, et n'offrant plus que quelques fragmens encore reconnaissables pour avoir appartenu aux animaux marins dont ils sont les dépouilles entassées, et en quelque sorte les monumens sépulcraux. On placerait dans ce second genre toutes les coquilles madrépores, fossiles, que les naturalistes désignent en ajoutant le mot *lithe* à leur premier nom. Les faluns, les crons, les terres coquillières, les lumachelles, etc.

Le troisième genre renfermera les terres et pierres calcaires proprement dites, c'est-à-dire le carbonate de chaux broyé, n'ayant presque plus de formes organiques sensibles, et constituant les craies, la moelle de pierre, le tuf, les pierres calcaires à gros et à menu grain.

Dans le quatrième genre on disposera les marbres plus durs et plus fins dans leur tissu que les pierres calcaires, et dont les variétés sont immenses par rapport aux diverses matières qui leur sont mêlées, et aux différences de nuances, de taches, de couleurs qu'elles y font naître.

Au cinquième genre seront rapportées les concrétions calcaires, comprenant les incrustations, les ostéocoles, les prétendues pétrifications, les stalactites, les albâtres.

Enfin, dans le sixième et dernier genre viendrait le *spath calcaire* des naturalistes, ou le carbonate de chaux natif pur et cristallisé.

6. Ce dernier genre lithologique est le véritable sel dont on doit examiner les propriétés avec le plus de soin. C'est celui où les chimistes doivent considérer le carbonate de chaux bien pur et qu'il doivent choisir pour leurs expériences. Aucun sel terreux ne paraît aussi abondant au sein du globe; aucun ne présente autant de variétés: outre celles de la couleur, de la pureté, de la transparence, de la demie transparence ou de l'opacité, des mélanges divers, de la manière dont il existe dans la terre ou de son gissement; Hill en a décrit une foule de formes modifiées; et le calcul a en effet donné pour résultat à l'habile cristollographe Haüy un nombre de plus de huit millions de figures. Chaque jour on découvre de nouveaux cristaux; déja on en connaît quarante-deux variétés de forme, et quoiqu'il soit vraisemblable que les circonstances nécessaires à la naissance des immenses variétés que le calcul des décroissemens annonce possibles ne se rencontrent pas dans la nature, on ne saurait douter qu'il n'en reste encore une foule à découvrir.

7. Dans l'impossibilité et l'inutilité même où l'on doit être pour un ouvrage systématique de chimie, de faire connaître en détail les variétés déja trouvées dans les formes du carbonate de chaux natif cristallisé, je me bornerai à donner ici une notice de la forme primitive et de douze principales de ces variétés, en choisissant, d'après le citoyen Haüy lui-même, les plus remarquables, ou les plus importantes à distinguer.

Forme primitive : rhomboïde obtus, dont les angles plans sont d'environ 101 degrés $\frac{1}{2}$ et 78 degrés $\frac{1}{2}$; molécule intégrante, idem.

VARIÉTÉS.

A. *Carbonate calcaire primitif.* Ce cristal a une réfraction double ; elle dépend de ce que les images des objets paraissent doubles lorsqu'on regarde ceux-ci à travers deux faces parallèles de ce sel rhomboïde et à travers deux faces inclinées entre elles sur les autres minéraux transparens qui ont cette propriété.

On vient de trouver que tous les cristaux à double réfraction ont un sens où l'image paraît simple. Cet effet a lieu en général lorsque l'une des faces à travers lesquelles on regarde les objets est perpendiculaire ou parallèle à l'axe, suivant les différentes espèces.

B. *Carb. calc. équiaxe*, vulgairement lenticulaire ; rhomboïde très-obtus dont l'axe est égal à celui du noyau.

C. *Carb. calc. inverse;* muriatique de Delisle, rhomboïde aigu, dans lequel les angles plans sont égaux aux inclinaisons respectives des faces du noyau et réciproquement ; c'est de cette inversion qu'est tiré le nom de cette variété.

D. *Carb. calc. contrastant :* rhomboïde très-aigu, dans lequel les angles plans sont égaux aux inclinaisons respectives des faces du rhomboïde très-obtus ou équiaxe, et réciproquement ; ce qui forme une espèce de contraste.

E. *Carb. calc. métastatique*, vulgairement *dent de cochon*; dodécaèdre à triangles scalènes, dans lequel le grand angle de chaque triangle est égal à l'angle obtus du noyau ; et la plus petite inclinaison des faces égale à la plus grande des faces du noyau, d'où résulte une sorte de *métastase* ou de transport des angles du noyau sur le cristal secondaire.

F. *Carb. calc. cuboïde* : rhomboïde légèrement aigu, peu différent du cube ; découvert par le citoyen Dodun, près de Castelnaudari.

G. *Carb. calc. prismatique* : prisme hexaèdre régulier.

H. *Carb. calc. amphypentagonal* : on l'appelle *tête de clou* lorsque son prisme est très-court : prisme à six pans pentagones, terminé de part et d'autre par trois pentagones différens des précédens.

I. *Carb. calc. alterne* : prisme à six pans hexagones alongés, terminé de part et d'autre par six faces quadrilatères réunies en pyramide. Les angles aigus des hexagones latéraux sont alternativement tournés en haut et en bas. Quelquefois les pans se réduisent à des quadrilatères.

K. *Carb. calc. émergent* : le métastatique dont les sommets sont interceptés chacun par trois rhombes parallèles aux faces primitives, en sorte que le noyau semble sortir du cristal secondaire.

L. *Carb. calc. analogique* : l'alterne dont les sommets sont interceptés chacun par trois trapézoïdes qui appartiennent à l'équiaxe. Le nom d'analogique est tiré des différentes analogies que présente cette variété comparée à d'autres de la même espèce ou d'espèce différente.

M. *Carb. calc. assorti* : l'alterne dont les sommets sont interceptés chacun par trois rhombes parallèles à ceux du noyau. Le nom d'assorti est tiré de ce que les lois de décroissement deviennent sensibles d'après la seule position des facettes qui en résultent, relativement aux rhombes extrêmes qui appartiennent au noyau.

C. *Préparation.*

8. On sent bien qu'un sel que la nature offre si fréquemment et si abondamment dans presque tous les lieux ou les points du globe, et qu'on peut se procurer si facilement pur, n'a besoin ni de préparation ni de purification. Cependant on peut le préparer artificiellement en unissant l'acide carbonique avec la chaux. On a vu dans l'histoire de cette dernière, que cet acide gazeux était rapidement absorbé par la dissolution de chaux, et qu'il y formait un précipité de carbonate calcaire : il faut ajouter ici à ces détails que pour composer aussi le carbonate de chaux bien pur, il est nécessaire d'employer une dose juste et bien proportionnée d'acide carbonique ; si on en met trop peu, le premier précipité de carbonate calcaire qui se forme se redissout dans l'eau de chaux et semble former un carbonate avec excès de chaux ; si l'on en met trop, le carbonate calcaire d'abord précipité se redissout et disparaît dans cet excès d'acide carbonique ; il est vrai qu'on peut le faire reparaître en ajoutant de nouvelle eau de chaux, ou en dégageant l'acide, excédent à l'aide de l'action du feu.

D. *Action du calorique.*

9. Le carbonate de chaux, exposé à une chaleur brusque, décrépite, perd son eau de cristallisation, devient blanc opaque et beaucoup moins friable que le sulfate de chaux traité de la même manière. Si l'on chauffe davantage, on enlève l'acide carbonique qui s'exhale sous la forme de gaz. En faisant cette expérience dans un vase fermé, et sur-tout dans une cornue de fonte ou dans un canon de fusil, auquel on adapte un tube plongeant sous des cloches pleines d'eau, on recueille le gaz acide carbonique qui fait à-peu-près les 0,32 du poids du sel ; souvent on obtient en même temps un peu de gaz hidrogène, en

raison de l'action réciproque de l'eau sur les parois du vase de fer. Si on fait l'opération dans des cornues ou tubes de porcelaine on n'a point de gaz hidrogène. Les cornues de grès ou de terres cuites en grès laissent filtrer une partie du gaz acide carbonique, et trompent sur les résultats comme la Rochefoucauld et Priestley s'en sont assurés. Il reste de la chaux pure et vive dans l'appareil distillatoire.

10. Dans l'art du chaufournier on fait subir aux pierres à chaux ou au carbonate de chaux pierreux massif, au marbre, au spath calcaire, aux coquilles d'huîtres, etc. un changement pareil. Cet art consiste uniquement dans la décomposition de ce sel par le feu. On construit un four avec les morceaux même de la pierre à chaux; on laisse entre eux des intervalles ou des vides pour permettre à la flamme de les parcourir et de les frapper tous sur tous leurs points; on chauffe avec du bois ou de la houille; l'eau et l'acide carbonique gazeux se dégagent dans l'atmosphère : on poursuit l'opération jusqu'à ce que tout le sel soit bien décomposé, privé d'acide et d'eau, et réduit à sa base pure; c'est ainsi qu'on obtient la chaux vive.

E. *Action de l'air.*

11. Le carbonate de chaux n'est point altéré par le contact de l'air; il ne perd ni n'absorbe d'humidité.

F. *Action de l'eau.*

12. L'eau ne dissout point le carbonate de chaux, en quelque quantité qu'on emploie ce liquide, et à quelque température qu'on l'élève.

G. *Décomposition; proportions.*

13. Le carbonate de chaux n'éprouve aucune altération de la part de plusieurs corps combustibles; le charbon n'en favo-

rise point le dégagement de l'acide, comme il le fait à l'égard des carbonates de barite et de strontiane; ou aumoins on n'a point constaté cette propriété.

14. Le phosphore le décompose, à l'aide d'une température qui excède celle de l'eau bouillante; il se forme de l'acide phosphorique qui s'unit à la chaux, et il se dégage du carbone qui noircit tout-à-coup le mêlange. Cette décomposition remarquable est due à une attraction élective disposante et double qui a été expliquée en détail dans l'article du genre; on se souvient que le carbone ne décompose pas le phosphate de chaux.

15. Quand on chauffe fortement du carbonate calcaire avec du soufre, il y a formation de sulfure de chaux, et dégagement d'acide carbonique gazeux au moment où le sulfure se forme et se fond. Le gaz acide carbonique entraîne, dans ce cas, un peu de soufre en vapeur qui lui donne une odeur fétide.

16. Ce sel n'attaque point les oxides métalliques, et il n'y a point de combinaison entre ces corps.

17. Tous les acides décomposent le carbonate calcaire et en dégagent l'acide carbonique avee effervescence, en raison du calorique qui se sépare en même temps de la chaux et d'eux mêmes : de sorte qu'on trouve ici le jeu des attractions doubles; savoir celle de l'acide pour la chaux, et celle du calorique pour l'acide carbonique. Aussi cette effervescence est-elle accompagnée de froid ou de non augmentation de température, tandis que lorsqu'on combine les mêmes acides avec la chaux il y a beaucoup de chaleur produite ou de calorique mis en liberté.

18. L'acide carbonique dissout facilement le carbonate de chaux, et c'est ainsi qu'il est dissous dans toutes les eaux naturelles; lorsque cet acide se dégage de l'eau par le contact de l'air et sur-tout par l'action du calorique, le carbonate de chaux s'en dépose en poussière. Voilà ce qui arrive aux eaux

qui forment des incrustations sur les corps qu'elles mouillent, dans les canaux qu'elles parcourent; comme celles d'Arcueil, près Paris, de Saint-Allyre à Clermont-Ferrand, celle des bains de Saint-Philippe en Italie, et une foule d'autres. Si on ajoute de l'eau de chaux à cette dissolution de carbonate calcaire par l'acide carbonique, ce sel se précipite de l'eau; le même phénomène a lieu en mettant dans cette dissolution de la potasse, de la soude ou de l'ammoniaque, qui s'emparent de l'acide carbonique et forcent alors le carbonate de chaux de quitter l'eau, en lui rendant son indissolubilité.

19. La barite et la strontiane décomposent le carbonate calcaire et lui enlèvent son acide. Les alcalis n'opèrent point une pareille décomposition. La silice et l'alumine n'agissent pas non plus sur ce sel. A un grand feu, elles entrent en fusion avec la base d'où l'acide carbonique s'exhale. La chaux paraît avoir elle-même une sorte d'attraction pour ce sel, puisqu'elle opère sa dissolution dans l'eau, comme on l'a vu plus haut.

20. Le carbonate de chaux n'a pas d'action sensible sur la plupart des sels; il n'y a que ceux à base d'ammoniaque qu'il décompose à l'aide d'une haute température. L'acide de ces sels ammoniacaux se porte alors sur la chaux; tandis que l'acide carbonique s'unit à l'ammoniaque. Le carbonate d'ammoniaque se sublime à mesure qu'il se forme; il prend dans sa sublimation lente une forme irrégulière. C'est ainsi qu'on prépare, avec le muriate ammoniacal et le carbonate calcaire, du carbonate d'ammoniaque, comme on le verra.

21. Suivant Bergman, 100 parties de carbonate calcaire bien pures, sont formées de

Chaux . . . . . 55.
Acide carbonique 34.
Eau . . . . . . 11.

H. *Usages.*

22. Les usages du carbonate de chaux sont extrêmement multipliées. Il sert dans ses masses dures, d'un grain fin et susceptible de poli, à la sculpture; ses masses moins fines que les précédentes sont employées aux constructions sous le nom de moëllons ou de pierre à bâtir. Avec ces pierres tendres ou communes on fait de la chaux; il n'y a pas une variété de ce sel qui ne soit consacrée à quelque usage économique ou industriel. Les chimistes le destinent à un grand nombre d'opérations.

ESPÈCE IV. — *Carbonate de potasse.*

A. *Synonymie; histoire.*

1. Il y a long temps qu'on emploie en chimie et dans les arts le carbonate de potasse, sans le connaître et le distinguer de l'alcali végétal comme on l'appelait; le caractère de faire effervescence avec les acides qu'on lui donnait le prouve évidemment. Après Black, Jacquin, Chaulnes, Lavoisier, Berthollet et Pelletier se sont successivement occupés des propriétés de ce sel, et chacun a ajouté quelque connaissance de plus à son histoire. Bohnius avait annoncé, dès 1666, sa propriété cristallisable, et en 1764, Montet, chimiste de Montpellier, l'avait obtenu en cristaux avant que l'on eût connu sa nature.

2. Depuis qu'on a commencé à étudier ses caractères et sa composition, on l'a nommé *alcali végétal doux*, *alcali fixe effervescent*, *alcali fixe aéré*, *craie alcaline*, *tartre méphitique*, *méphite de potasse*, après les noms de *sel fixe de nitre*, *sel de tartre*, *nitre fixé*, *flux blanc*, *alcali fixe*, sous lesquels on l'avait connu avant la découverte de l'acide qui le constitue dans l'état salin.

B. *Propriétés physiques; histoire naturelle.*

3. Le carbonate de potasse cristallise en prismes quarrés terminés par des pyramides quadrangulaires. Il a une saveur urineuse douce ; il verdit le syrop de violette.

4. On ne la point encore trouvé parmi les fossiles. Il se rencontre dans les sucs des végétaux, et on l'extrait spécialement de leurs cendres, sur-tout très-abondamment de celle de l'acidule tartareux. Il est beaucoup plus rare dans les substances animales. On voit d'après cela pourquoi, dans un temps où l'on croyait que ce sel était de l'alcali fixe pur, on le nommait alcali végétal.

C. *Préparation; extraction.*

5. Quand on le tire des matières végétales par l'incinération et la lessive, il n'est jamais pur. Outre qu'il n'est pas saturé d'acide carbonique, il contient presque toujours de la silice, et divers sels. On le purifie, en faisant passer dans sa dissolution du gaz acide carbonique qui est absorbé.

6. On prépare souvent ce sel promptement, et comme on le disait autrefois extemporanément, en faisant détoner du nitre et du tartre. L'acide carbonique, qui se forme dans cette combustion rapide, s'unit à la potasse qui reste ; mais jamais elle n'en est saturée par ce procédé, et on est obligé d'en ajouter après dans sa dissolution.

7. Le procédé de Chaulnes est encore très-propre à fournir du carbonate de potasse ; il consiste à exposer une dissolution pure de potasse dans le gaz acide carbonique dégagé de la bierre en fermentation ; à remuer beaucoup la liqueur à l'aide de moussoirs ; l'acide est promptement absorbé ; le carbonate de potasse formé se cristallise au milieu de la liqueur ; on le fait sécher à l'air sur des papiers non collés, et on l'enferme dans des vases bien clos.

8. Quand on n'a pas de cuve de brasseur à sa disposition, on fait passer du gaz acide carbonique, dégagé du carbonate de chaux à l'aide de l'acide sulfurique, dans une dissolution de potasse, placée dans des bouteilles hautes et étroites. Le carbonate de potasse cristallise à la surface de la liqueur et autour des tubes qu'il faut avoir soin de choisir larges pour empêcher qu'ils ne soient bouchés par le sel : c'est ainsi que Pelletier a obtenu les cristaux de carbonate de potasse en prismes tétraèdres rhomboïdaux terminés par des sommets dièdres.

9. Le citoyen Berthollet a donné encore un autre procédé pour préparer le carbonate de potasse ; il consiste à distiller, avec une dissolution de cet alcali non saturé, du carbonate d'ammoniaque solide auquel la potasse enlève l'acide carbonique : de sorte qu'elle se cristallise dans la cornue, tandis que l'ammoniaque se dégage en gaz ou en liqueur caustique.

D. *Action du calorique.*

10. Le carbonate de potasse se fond à une légère chaleur, il perd ensuite l'eau de sa cristallisation, qui va de 0, 15 à 0,17; il se dégage aussi une portion de son acide carbonique; mais on ne peut lui enlever tout son acide par ce procédé, et les dernières portions y adhèrent avec une grande force, de sorte que l'action du calorique ne peut pas servir à en faire une analyse exacte.

E. *Action de l'air.*

11. Quand on expose du carbonate de potasse bien pur et bien cristallisé au contact de l'air sec, il se couvre bientôt d'une légère poussière blanche qui annonce qu'il est efflorescent. Cependant avant que les chimistes connussent l'état saturé de ce sel, ils pensaient que son caractère était d'attirer l'eau de l'atmosphère, et ils le désignaient par le nom d'alcali déliquescent. Lorsqu'il s'humecte à l'air, c'est qu'il n'est

pas saturé d'acide carbonique, et qu'il contient une portion de potasse à nu ou caustique, qui est extrêmement susceptible d'attirer l'humidité atmosphérique.

F. *Action de l'eau.*

12. Le carbonate de potasse exige à-peu-près quatre fois son poids d'eau à 0, degré pour se dissoudre ; il se produit du froid dans cette dissolution. Quand l'eau est à 75 ou 80 degrés du thermomètre de Réaumur, elle en dissout les cinq sixièmes de son poids ; cependant ce sel ne se cristallise point par le refroidissement, mais seulement par une évaporation lente et douce. Pelletier a observé qu'en dissolvant du carbonate de potasse bien saturé dans l'eau bouillante, il se dégageait des bulles de gaz acide carbonique, ce qui lui a montré que ce sel perdait une portion de son acide par l'effet de cette dissolution à chaud.

G. *Décomposition ; proportions des principes.*

13. L'action des corps combustibles est peu marquée sur le carbonate de potasse. On ne sait pas si le carbone a la propriété d'en favoriser le dégagement de l'acide par la chaleur. En chauffant ce sel avec du soufre, à une haute température, l'acide carbonique s'échappe en gaz et il se forme un sulfure, au moment même de l'effervescence produite par le dégagement de cet acide.

14. Si quelques substances métalliques chauffées avec le carbonate de potasse éprouvent une oxidation, cela est dû à l'eau qui est contenue dans le sel et qui se décompose par l'attraction disposante que la potasse et même l'acide carbonique exercent sur l'oxide du métal. Mais cette action est faible.

15. Tous les acides connus jusqu'ici ont la propriété de décomposer le carbonate de potasse, d'en dégager du gaz acide

carbonique avec efflorescence, et de former avec sa base ou la potasse, les sels qu'ils ont coutume de constituer. Ce sel perd plus du tiers de son poids par cette décomposition et par le dégagement de son acide volatil.

16. La barite, la strontiane et la chaux décomposent le carbonate de potasse, en lui enlevant son acide et en mettant la potasse à nu, parce qu'elles ont plus d'attraction que n'en a cet alcali fixe pour l'acide carbonique. Il se forme dans cette expérience faite par la voie humide, ou en mêlant ces corps en dissolution, des précipités de carbonates indissolubles, et la potasse reste dans l'eau surnageante. On emploie le plus souvent à cette importante opération qui fournit la potasse pure, la chaux comme la moins chère et la plus commune. On mêle le carbonate de potasse avec la moitié de son poids de chaux bien vive sur laquelle on l'étend; on jette de l'eau pour éteindre la chaux; on la délaie ensuite, elle absorbe l'acide carbonique, elle passe à l'état de carbonate de chaux qui est indissoluble, et la potasse reste pure et caustique dans la liqueur; on pratique ce procédé qu'on nomme caustification dans les laboratoires, pour se procurer de la potasse pure. Il ne dépend bien manifestement que de l'attraction plus forte qui existe entre la chaux et l'acide carbonique, qu'entre le même acide et la potasse. On a vu, à l'article de celle-ci, comment on faisait cette opération, et les propriétés que prenait la potasse ainsi purifiée.

17. La silice et l'alumine n'agissent point à froid sur le carbonate de potasse; quand on les chauffe fortement ensemble, l'acide carbonique se dégage en gaz et avec une vive effervescence, au moment où la potasse se combine avec les terres à l'état de verre. On voit donc que ces terres vitrescibles à une haute température favorisent le dégagement de l'acide carbonique, et que la double attraction de l'alcali pour la terre, et du calorique pour l'acide, opère une décomposition complète du carbonate de potasse, qui n'a point lieu, comme on le sait,

par la seule attraction du calorique. Aussi, dans les verreries où l'on emploie de la potasse en partie à l'état de carbonate, remarque-t-on un bouillonnement considérable dans les pots où se forme le verre ; aussi observe-t-on qu'il faut que cette effervescence soit appaisée pour que la vitrification soit complète. C'est encore en raison de cette propriété que les lithologistes se servent du carbonate de potasse pour reconnaître, à l'aide de l'effervescence et du globule vitreux bien fondu et transparent par le chalumeau, les pierres silicées qui seules présentent ces propriétés.

18. L'action du carbonate de potasse sur les sels est très-différente de celle de la potasse seule. D'abord tous les sels calcaires, strontianiques, ammoniacaux, magnésiens, alumineux, que la potasse seule décompose et dont elle précipite ou sépare les bases pures, donnent par l'addition du carbonate des précipités plus abondans qui sont des carbonates indissolubles. Il y a ici des attractions électives doubles, mais *superflues* pour ces décompositions, puisque la potasse seule les opérerait. Seulement il faut les considérer comme des doubles combinaisons dont le résultat est d'une part des sels à base de potasse, et de l'autre des carbonates insolubles. C'est ainsi qu'on obtient le carbonate ammoniacal, qui se sublime lorqu'on traite dans une cornue le muriate d'ammoniaque et le carbonate de potasse par la voie sèche.

19. Mais les cas où l'attraction élective double, produite par le carbonate de potasse, est nécessaire pour opérer la décomposition de quelques sels, sont beaucoup plus importans encore que les précédens. Les sels à base de barite sont particulièrement dans cette classe ; la potasse seule ne sépare point cette base si fortement adhérente aux acides ; mais l'attraction de l'acide carbonique pour la barite, ajoutée à celle de la potasse pour l'acide qui tient la barite en dissolution, en opère la séparation. Aussi dès que l'on verse une dissolution de carbonate de potasse dans une dissolution de nitrate ou de muriate

de barite, il y a un précipité abondant de carbonate de barite en poudre blanche, et la liqueur surnageante retient le nitrate ou le muriate de potasse. C'est ainsi qu'on prépare le carbonate de barite artificiel. Le même phénomène a lieu par la voie sèche, et on s'en sert spécialement pour décomposer le sulfate de barite, qui n'est pas dissoluble, par le carbonate de potasse sec. Il faut une grande quantité de ce dernier; il faut de plus faire chauffer très-fortement le mélange : encore n'en décompose-t-on par là qu'une portion, et est-on obligé de recommencer l'opération plusieurs fois de suite. Lorsqu'on lessive le produit chauffé jusqu'à la fusion, on obtient du sulfate de potasse en dissolution, et il reste du carbonate de barite en poudre, souvent mêlé de sulfate de barite non décomposé.

20. Suivant Bergman, le carbonate de potasse contient sur cent parties ;

Potasse . . . . . 48.
Acide carbonique 20.
Eau . . . . 32.

Suivant Pelletier, cent parties de ce sel bien saturé ont les proportions suivantes :

Potasse . . . . . 30.
Acide carbonique 43.
Eau . . . . 17.

Il paraît que ce dernier chimiste a mieux saturé la potasse d'acide carbonique.

H. *Usages.*

21. Les usages du carbonate de potasse sont très-multipliés en chimie. En médecine, ce sel passe pour fondant, et même lithontriptique, quoique très-improprement et faussement. Lorsqu'on veut l'administrer il faut ne le prescrire que dans l'état de cristaux bien réguliers. Dans les arts on ne l'emploie jamais bien pur ; c'est ordinairement un mélange de potasse et de carbonate de potasse dont on se sert dans les verreries, et

dans les teintures. Cette matière saline étant assez rare dans quelques pays, et conséquemment plus ou moins précieuse, on peut la ménager beaucoup plus qu'on ne fait, en la retirant par l'évaporation et l'incinération des lessives quelconques qu'on conserve après son emploi; il y a à cet égard une amélioration remarquable à faire dans les ateliers où on perd cette matière inconsidérément.

ESPÈCE V. — *Carbonate de soude.*

A. *Synonymie; histoire.*

1. Il y a long temps que les naturalistes connaissent et que les hommes emploient le carbonate de soude sans le distinguer exactement de la soude; parce que, sans l'apprécier avec précision, au moins ils avaient distingué l'état très-différent de ce sel, après l'avoir extrait de la soude brute en la lessivant avec l'eau, spécialement par sa forme cristalline, et son efflorescence. Cette distinction portait sur-tout sur la différence observée entre le sel de soude et l'alcali de la potasse, etc. A l'époque où Black a reconnu l'état des alcalis adoucis par l'*air fixe* ou acide carbonique, cette différence a été tout-à-coup appréciée.

2. Depuis cette dernière époque jusqu'à l'établissement de la nomenclature méthodique, les noms de ce corps placé dès-lors dans la classe des sels, sinon neutres, au moins composés, ont été variés comme ceux des autres carbonates. On l'a nommé *alcali marin ou minéral aéré*, *craie de soude*, *méphyte de soude*, *natrum*, *sel de soude*.

B. *Propriétés physiques.*

3. On trouve abondamment le carbonate de soude dans la nature; il s'effleurit à la surface de la terre dans l'Egypte, où il est connu depuis un temps immémorial, sous le nom de

nitrum, *natron*, ou *natrum*; aussi a-t-on proposé de conserver ce dernier nom depuis la connaissance plus exacte de la nature de ce sel qui le porte dès la plus haute antiquité. Il paraît que dans le Delta où il est si abondant, il provient de la décomposition du sel ou muriate de soude à travers les couches de limon végétal et animal, et sans doute à l'aide de la potasse fournie par la décomposition spontanée des plantes.

4. On reconnaît le carbonate de soude en efflorescence dans quelques souterrains, dans les caves sèches; on l'extrait des cendres de quelques plantes marines, et sur-tout de celles qui lui ont donné son nom. On les brûle, on calcine fortement leurs cendres, on les chauffe assez pour commencer leur vitrification; et c'est un mélange de sels divers, de terres, de sable, de charbon non brûlé, et d'oxide de fer en différens états, avec plus ou moins d'alcali de la soude saturée d'acide carbonique, qu'on prépare en grand sous le nom de soude. Cette préparation doit varier suivant les plantes qu'on brûle, la manière dont on les brûle, le terrain où se fait l'incinération; elle contient plus ou moins de carbonate de soude, et comme cette espèce d'alcali exige moins d'acide carbonique pour être saturée et à l'état d'un véritable carbonate que n'en demande la potasse, on retire immédiatement de la soude brute, ce sel pur et cristallisé, par la simple lessive dans l'eau. C'est pour cela même qu'on avait connu effectivement le carbonate de soude long temps avant le carbonate de potasse, et qu'on l'avait nommé sel de soude.

5. On n'a point encore expliqué comment les plantes marines, et sur-tout le *salsola soda* de Linné donnent la soude. D'après l'analyse du citoyen Vauquelin, une partie de sel alcali paraît y être contenue toute formée, mais on peut croire qu'une autre portion est séparée du sel marin qui impregne les sucs de ces plantes, par la potasse qui s'y développe à l'aide de la combustion. Il faut observer que les algues, les fucus qu'on brûle dans quelques pays, et sur-tout à Cherbourg,

donnent beaucoup moins de soude que les salsolas nommés aussi kalis.

6. Le carbonate de soude existe aussi dissous dans quelques eaux minérales : celles de Vichy et plusieurs sur-tout des environs de Clermont-Ferrand, en contiennent une quantité assez grande non-seulement pour leur donner des propriétés médicamenteuses très-énergiques, mais même pour qu'on puisse l'en séparer avec avantage et répandre dans le commerce cette substance saline utile.

7. On trouve encore le carbonate de soude dans les liqueurs animales, et jusque dans les os, beaucoup plus souvent que le carbonate de potasse, qui ne s'y rencontre que dans quelques cas particuliers ou dans quelques humeurs spéciales.

8. Le carbonate de soude se cristallise en octaèdres irréguliers ou rhomboïdaux, formés par deux pyramides quadrangulaires tronquées très-près de leurs bases; ce qui représente des solides décaèdres, avec deux angles solides aigus et deux obtus. Souvent il ne donne que des lames rhomboïdales appliquées obliquement les unes sur les autres. Sa saveur est urineuse et un peu âcre sans être caustique ; il verdit les couleurs bleues végétales qui en sont susceptibles : ces deux propriétés annoncent que la soude, quoique saturée par la quantité d'acide carbonique à laquelle elle peut s'unir, n'est pas entièrement masquée dans ses caractères alcalins.

C. *Préparation ; purification.*

9. L'état de saturation naturelle de la soude par l'acide carbonique, et celui de carbonate de soude qui existe dans la soude du commerce, permet, comme on le voit, de l'extraire assez pure de cette matière ; il suffit pour cela de lessiver de la soude bien choisie et qu'on a laissée quelque temps s'effleurir à l'air sec afin d'en faire séparer le carbonate des matières qui l'enveloppent, avec le quart ou au plus le tiers d'eau

pure et froide, de filtrer cette liqueur, de l'évaporer jusqu'à ce qu'elle forme une legère pellicule composée de petits cubes qui sont du muriate de soude, de séparer ce sel avec une écumoire ou un tamis de crin qui plonge dans la liqueur et qu'on en retire de temps en temps, de continuer l'action du feu jusqu'à ce qu'il ne se forme plus de sel marin, et de laisser ensuite refroidir la liqueur; le carbonate de soude se cristallise par le refroidissement et donne même ainsi des cristaux très-réguliers.

10. La facilité qu'on trouve à se procurer le carbonate de soude bien pur, n'exige jamais qu'on le prépare artificiellement, et il serait bien superflu de prendre pour cette opération de la soude caustique et de la saturer d'acide carbonique, puisqu'on ne se procure cette soude caustique que du carbonate de cette base, extrait immédiatement de la soude.

D. *Action du calorique.*

11. Le carbonate de soude se comporte autrement que celui de potasse par l'action du feu. Il se fond très-rapidement, à l'aide de son eau de cristallisation très-abondante; il se dessèche ensuite, mais il ne tarde pas à éprouver la véritable fusion ignée, lorsqu'on continue à le chauffer. Quoiqu'on puisse par une forte chaleur lui enlever la plus grande partie de son acide carbonique, il n'en cède les dernières portions qu'avec une très-grande difficulté. En comparant sa fusibilité à celle du carbonate de potasse, on observe qu'elle est un peu plus facile et un peu plus marquée; c'est pour cela qu'on préfère souvent le premier au second dans les verreries.

E. *Action de l'air.*

12. Il y a une différence très-prononcée entre les deux carbonates alcalins par la manière dont ils se comportent à l'air. On a vu que le carbonate de potasse s'y conservait presque

sans aucune altération, et qu'il éprouvait à peine une légère efflorescence, quand il n'était qu'en petits cristaux mal figurés. Le carbonate de soude le mieux cristallisé, et en cristaux les plus gros, perd au contraire très-promptement à l'air l'eau de sa cristallisation; il s'effleurit rapidement et tombe en poussière jusqu'à la dernière molécule cristalline. Ce sel est même un des plus efflorescens que l'on connaisse, et cette propriété dépend de sa grande quantité d'eau de cristallisation dont l'air lui enlève la plus grande partie avec une énergie singulière. On lui rend sa première forme régulière, sa transparence et sa solidité, en lui restituant l'eau que l'atmosphère lui a enlevé.

F. *Action de l'eau.*

13. Le carbonate de soude est plus dissoluble dans l'eau que le carbonate de potasse, puisqu'il n'en exige que deux parties à dix degrés de température, tandis que le dernier en demande quatre. L'eau bouillante en dissout un peu plus que son poids, de sorte qu'il se cristallise par le refroidissement, quoique cependant on obtienne une cristallisation beaucoup plus régulière par l'évaporation lente ou spontanée.

G. *Décomposition; proportions.*

14. Ce sel ressemble beaucoup au carbonate de potasse par les lois et les phénomènes, soit de sa propre décomposition, soit de celle qu'il fait éprouver à d'autres substances salines. Le carbone n'a pas une action connue sur lui; il s'unit au soufre à une haute température, en perdant son acide carbonique qui se dégage avec effervescence vive au moment où le sulfure se forme. Il n'agit point sensiblement sur les substances métalliques, excepté sur celles qui décomposent facilement l'eau.

15. C'est avec le carbonate de chaux le sel de ce genre qui est le plus décomposable par le phosphore. Au moment où ce

corps combustible traverse, en se volatilisant, le carbonate de soude chauffé auparavant, comme on le fait dans le tube que j'ai décrit à l'histoire de l'acide carbonique, toute la masse blanche du sel se trouve noircie; en cassant le tube refroidi, dans lequel on avait mis d'abord du carbonate de soude en poudre, on trouve une masse noire agglutinée presque d'une seule pièce, et solide comme les charbons tendres et friables, qui, lessivée par l'eau chaude, laisse du carbone d'une grande finesse et presque pur, tandis que le phosphate de soude passe en dissolution dans l'eau. La facilité de cette décomposition a engagé les chimistes modernes à choisir cette matière saline pour montrer l'action du phosphore chaud sur les carbonates.

16. Tous les acides, et même le boracique aidé de la chaleur, décomposent le carbonate de soude, en dégagent l'acide carbonique avec effervescence, en s'emparant de la soude; le calorique qui se sépare fond l'acide carbonique en gaz, et la décomposition est accompagnée de refroidissement en raison de cette absorption du calorique; ce qui prouve que cet acide doit sa faiblesse à son extrême dissolubilité dans le calorique, et à la singulière tendance qu'il a pour prendre la forme de gaz.

17. La barite, la strontiane, la chaux et la potasse enlèvent l'acide carbonique à la soude et laissent cet alcali séparé et à nu. Les dissolutions de ces trois bases plus attirées par l'acide carbonique que ne l'est la soude, forment dans la dissolution du carbonate de soude un précipité de carbonate insoluble. On se sert de la chaux pour obtenir la soude pure de ce sel, et on suit absolument le même procédé que pour le carbonate de potasse.

18. La silice et l'alumine, qui n'agissent point à froid et par la voie humide sur le carbonate de soude, se combinent avec sa base qu'elles font passer à l'état vitreux, à l'aide du calorique. Ici comme dans le même traitement du carbonate de

potasse, l'acide carbonique se dégage en gaz et avec une vive effervescence au moment où la terre se fond avec la soude ; et la cause de ce phénomène est dans la double attraction de la silice ou de l'alumine pour la soude, et du calorique pour l'acide carbonique. Ce dernier tend en effet à prendre la forme de gaz à l'aide du calorique, tandis que la soude tend elle-même à rester à l'état solide fixe et vitreux en s'unissant à l'une ou à l'autre des deux terres indiquées.

19. Le carbonate de soude se comporte avec les sels comme le carbonate de potasse. Les sels à base de chaux, d'ammoniaque et de magnésie sont tout-à-coup décomposés et précipités en carbonates terreux, tandis que les sels de soude bien dissolubles restent dans la liqueur surnageante ; mais ce n'est là qu'une attraction élective double *superflue*, puisque la décomposition aurait lieu pour la soude seule qui a plus d'attraction pour ces acides que n'en ont les terres ou les bases indiquées.

20. Un effet de véritable attraction élective double ou *nécessaire* se montre au contraire lorsqu'on traite les sels baritiques par le carbonate de soude ; il y a décomposition complète au moment même où l'on verse la dissolution de carbonate de soude dans les dissolutions de ceux de ces sels qui sont dissolubles, tels que le nitrate et le muriate de barite, ou lorsqu'on chauffe dans des creusets les sels baritiques insolubles, le sulfate, le phosphate, le fluate de barite avec le triple ou le quadruple de leur poids de carbonate de soude. L'explication et les circonstances de ces phénomènes sont les mêmes que celles qui ont été données pour l'espèce précédente. On y ajoutera seulement la remarque essentielle que l'attraction de l'acide carbonique joue un grand rôle dans cette expérience, puisque celle de la soude pour les acides unis à la barite est plus faible que l'attraction de la potasse.

21. D'après l'analyse de Bergman que j'ai trouvée exacte

par mes propres expériences, dont les résultats ne m'ont pas présenté de différences notables d'avec celles du célèbre chimiste suédois, cent parties de carbonate de soude contiennent :

Soude . . . . 20.
Acide carbonique 16.
Eau . . . . 64.

On observera que ce carbonate tient plus d'acide carbonique que la potasse, ce qui dépend de sa moindre attraction ; car c'est une règle générale en chimie, et sur-tout pour les sels, que plus les principes réciproques sont faibles, plus ils exigent réciproquement de bases quand on considère les acides, ou d'acide quand on considère les bases, pour se saturer. On vérifiera facilement la vérité de ce principe, en comparant entre elles et les attractions et les proportions des principes qui composent tous les sels examinés jusqu'ici.

H. *Usages.*

22. Le carbonate de soude est un des sels les plus utiles aux chimistes. On peut le prescrire en médecine comme le carbonate de potasse. Dans les arts, c'est aussi une des matières les plus employées. Il sert spécialement dans les verreries où on le préfère, comme meilleur fondant, au carbonate de potasse, et dans les savoneries où on le décompose par la chaux ; il y forme les savons solides ; on le fait entrer dans la teinture, dans les lessives ; il sert à la préparation de beaucoup de composés ou mélanges pharmaceutiques. Les minéralogistes l'emploient comme fondant au chalumeau, et il constitue un des moyens essentiels de leurs essais sur les fossiles.

Espèce VI. — *Carbonate de magnésie.*

A. *Synonymie; histoire.*

1. Le carbonate de magnésie nommé successivement, *magnésie douce*, *magnésie effervescente*, *magnésie aérée*, *méphyte de magnésie*, *craie de magnésie*, n'a été connu que du moment où Black a distingué les matières alcalines unies à l'*air fixe* de celles qui en sont privées. C'est même une des premières substances dans lesquelles le célèbre savant qui l'a prise pour l'objet de ses recherches, a reconnu la présence de cet acide. Bergman l'a ensuite examiné avec soin, et j'ai ajouté en dernier lieu plusieurs notions sur les propriétés de ce sel terreux qui avaient échappé aux chimistes mes prédécesseurs dans cette carrière. Il n'y a pas de matière saline plus exactement déterminée et étudiée dans ses caractères que celle-ci.

B. *Propriétés physiques; histoire naturelle.*

2. Le carbonate de magnésie est souvent sous la forme de poudre blanche, legère, fade et sans saveur; quelquefois agglutinée en espèces de pains assez semblables à de l'amidon. Cependant ce sel peut prendre une forme cristalline régulière. Je l'ai le premier obtenu et décrit en petits prismes à huit pans rhomboïdaux réguliers, tronqués obliquement à ses extrémités, ou plutôt sans pyramides; le plan coupe obliquement l'axe des prismes. Sous cette forme il est bien saturé d'acide carbonique, tandis qu'en poussière, il n'en contient pas la quantité nécessaire pour qu'il ne puisse plus en absorber davantage; conséquemment il ne possède pas sous cette dernière forme les propriétés complètes du sel. Le carbonate de magnésie cristallisé est d'une consistance assez grande.

3. Il n'a point encore été trouvé dans la nature, et on ne l'a jamais rencontré jusqu'ici dans les fossiles, quoiqu'il soit vraisem-

blable qu'il y existe et qu'il y forme quelque matière cristalline, transparente, peut-être confondue jusqu'à présent avec quelque variété de ce qu'on nomme du spath calcaire. Ce soupçon est sur-tout fondé sur ce que plusieurs des variétés du carbonate de chaux sous forme de craie, de dépôts, d'incrustations, de marbre, etc., sont quelquefois mêlées d'une certaine quantité de carbonate de magnésie pulvérulent que l'analyse chimique y démontre.

C. *Préparation.*

4. Au défaut de carbonate de magnésie natif qu'on ne connaît pas encore, on prépare artificiellement ce sel, en unissant une dissolution de sulfate de magnésie avec une dissolution de carbonate de potasse qui ne fournit pas sur-le-champ de précipité, mais qui donne, au bout de quelques heures, et à mesure que la liqueur perd l'acide carbonique qui le tenait en dissolution, des cristaux brillans et très-réguliers, ou des prismes à six pans égaux de carbonate de magnésie.

5. On l'obtient également en dissolvant de la magnésie pure dans de l'eau chargée d'acide carbonique, et en exposant cette dissolution à l'air; le sel, à mesure que l'acide s'évapore, se dépose en prismes transparens, comme dans le cas précédent: ces cristaux ont plusieurs millimètres de longueur et sont très-faciles à déterminer à la vue simple.

6. Ce n'est pas du carbonate de magnésie saturé, mais seulement de la magnésie en partie unie à de l'acide carbonique que l'on précipite dans les circonstances les plus ordinaires des laboratoires, et sur-tout pour l'usage pharmaceutique. Voici le procédé qui réussit le mieux pour obtenir le carbonate de magnésie non saturé et pulvérulent. On dissout une partie de potasse du commerce dans deux parties d'eau, on l'expose quelques mois à l'air pour la laisser se saturer d'acide carbonique, et s'épurer par le dépôt de la silice qu'elle contient; on dissout d'un autre côté un poids égal de sulfate de magnésie dans

quatre à cinq fois son poids d'eau ; on ajoute quinze parties d'eau à cette première dissolution filtrée; on fait chauffer cette liqueur, et lorsqu'elle est bouillante, on y verse la potasse; le précipité de carbonate de magnésie se dépose, l'acide carbonique, qui l'aurait dissous à froid, se dégage en effervescence à raison du calorique libre dont il s'empare ; on agite beaucoup le mélange, on filtre, on lave le précipité avec de l'eau bouillante pour le bien dessaler; on laisse égouter le carbonate terreux, on l'étend en couches minces, sur des papiers qu'on porte à l'étuve ; une fois sèche, cette matière est en morceaux blancs, friables, ou en une poudre fine et adhérente à la peau. Telle est la préparation de la magnésie médicinale ou du carbonate de magnésie non-saturé d'acide.

D. *Action du calorique.*

7. Le carbonate de magnésie cristallisé, exposé au feu dans un creuset, décrépite légèrement ; perd l'eau et l'acide qu'il contient, et se divise en poussière. Ce sel perd ainsi 0,75 de son poids : celui qui n'en est pas saturé et qu'on nomme magnésie commune, n'éprouve pas la même perte. Quand on le calcine en grand il s'agite et semble bouillonner, par le dégagement du gaz acide carbonique. Une petite portion de ce sel est emportée en une espèce de brouillard qui dépose une poudre blanche sur les corps froids. Dans un lieu obscur et à la fin de l'opération, la magnésie brille d'une lueur bleuâtre et phosphorique. Le carbonate de magnésie perd dans cette calcination environ la moitié de son poids. La magnésie reste pure après l'action du feu.

E. *Action de l'air.*

8. Ce sel cristallisé en prismes réguliers et transparens perd très-promptement sa transparence par son exposition à l'air. Il se recouvre d'une poussière blanche qui adhère au sel et

qui défend ses couches intérieures. Il perd ainsi environ un huitième de son poids. Le carbonate de magnésie non saturé et pulvérulent n'éprouve aucune altération de la part de l'air.

F. *Action de l'eau.*

9. Le carbonate de magnésie cristallisé se dissout dans quarante-huit fois son poids d'eau à dix degrés. Celui qui est pulvérulent et non saturé exige plus de dix fois cette proportion d'eau à cette température pour se dissoudre, et fait d'abord une pâte avec une petite quantité de ce liquide. Lorsqu'on évapore la dissolution du sel cristallisé à un feu lent et doux, on obtient de petites aiguilles ; si on la laisse s'évaporer spontanément à l'air, on a les prismes hexaèdres indiqués.

G. *Décomposition ; proportions.*

10. Le carbonate de magnésie n'est point sensiblement altéré par les corps combustibles. Le charbon ne favorise point le dégagement de son acide qui s'opère facilement par la seule action du feu. Le phosphore n'en décompose que très-difficilement l'acide ; le soufre ne s'y unit pas et ne forme pas de sulfure avec sa base.

11. Tous les acides le décomposent avec facilité et en dégagent l'acide carbonique avec une prompte et vive effervescence. Butini croit avoir observé que chaque acide dégage des quantités différentes de gaz ; mais cela dépend de ce que les acides plus ou moins étendus d'eau ont retenu, dans ses expériences, des proportions diverses d'acide carbonique en dissolution dans la liqueur : il se forme des sels magnésiens dans ces décompositions.

12. L'acide carbonique passe pour avoir la propriété de rendre le carbonate de magnésie dissoluble, d'après les expériences de Bergman et de Butini. Mais comme ils ne connaissaient pas ce sel saturé et cristallisé, il paraît que, d'après les proportions de

dissolution qu'ils donnent, leur eau chargée d'acide carbonique n'a pas dissous autant de magnésie qu'elle ne dissout sans acide de carbonate de magnésie bien saturé. Butini a fait sur cette dissolution chargée depuis un soixante-huitième jusqu'à un deux cent quatre-vingt-huitième de son poids de carbonate de magnésie, une observation intéressante, sur-tout sur le dernier état de cette dissolution. En la chauffant, ce sel se sépare et se précipite, mais en refroidissant il se redissout. C'est dans cet état que les deux chimistes cités, Bergman et Butini, ont vu les premiers rudimens de carbonate de magnésie cristallisé par une évaporation lente et bien ménagée.

13. La barite, la strontiane, la chaux, la potasse et la soude décomposent le carbonate de magnésie, et lui enlèvent l'acide carbonique avec lequel elles ont plus d'attraction. Si on ajoute les dissolutions de ces bases dans celle de la magnésie par l'acide carbonique, celle-ci se sépare pure. L'ammoniaque ne produit pas le même effet; lorsqu'on l'ajoute à une dissolution de carbonate de magnésie, elle en sépare le sel effervescent. On verra en effet que la magnésie décompose le carbonate d'ammoniaque, rend celle-ci caustique et se dépose en carbonate de magnésie au fond de la liqueur dans laquelle on laisse ce mélange. C'est pour cela que je place le carbonate de magnésie avant celui d'ammoniaque.

14. Le carbonate de magnésie décompose par les attractions doubles nécessaires les sels baritiques, strontianiques et calcaires dissous dans l'eau; la magnésie s'empare de leurs acides et les bases se déposent unies à son acide carbonique, comme le prouvent et leur augmentation de poids, et leur indissolubilité dans l'eau, et leur propriété de faire effervescence avec les acides.

15. D'après l'analyse de Bergman, le carbonate de magnésie le plus saturé contient :

Magnésie . . . . 45.
Acide carbonique 30.
Eau . . . . 25.

Butini annonce cependant que ce sel préparé pour l'usage pharmaceutique et conséquemment devant contenir moins d'acide, est composé dans les proportions suivantes :

Magnésie . . . . 43.
Acide carbonique 36.
Eau . . . . 21.

J'ai trouvé que le carbonate de magnésie bien cristallisé, obtenu par le procédé que j'ai indiqué no. 4 de cet article, bien plus dissoluble que celui de Bergman et de Butini, et susceptible de s'effleurir à l'air, contenait sur cent parties :

Magnésie . . . . 25.
Acide carbonique 50.
Eau . . . . 25.

Celui non saturé, préparé pour l'usage pharmaceutique, m'a offert les proportions suivantes :

Magnésie . . . . 40.
Acide carbonique 48.
Eau . . . . 12. (Voy. Annal. de chim., tom. II, p. 278 - 299.)

16. Le carbonate de magnésie n'est préparé dans les laboratoires de chimie que pour en démontrer les propriétés et les attractions. Il n'est pas encore employé dans les arts. En médecine, celui qui n'est pas complétement saturé se donne comme légèrement laxatif ou purgatif. Ce n'est pas cette préparation qu'il faut employer dans le cas où l'on veut absorber les aigres des premières voies. Macquer a fait remarquer avec raison que l'acide carbonique gazeux qui s'en dégage dans l'estomach par l'action de l'acide plus puissant qui y est alors contenu, distend ce viscère, le gonfle et peut causer beaucoup de maux. Telle est sans doute la source des douleurs vives qu'éprouvent quelquefois ceux qui ont pris imprudemment ce genre de médicament, ayant un acide développé dans leur estomach. Alors c'est la magnésie calcinée et privée d'acide carbonique qu'il faut administrer. On évite par là tous les maux, les douleurs,

les nausées, l'oppression qu'elle peut faire naître. On doit aussi la prescrire en ce dernier état, dans le cas d'empoisonnement par les acides minéraux et par plusieurs autres matières vénéneuses, cas sans lequel l'expérience a prouvé qu'elle produisait de très-bons effets. On peut aussi l'employer quelquefois dissoute dans l'eau à l'aide de l'acide carbonique, mais pour remplir d'autres indications que les dernières.

ESPÈCE VII. — *Carbonate d'ammoniaque.*

A. *Synonymie ; histoire.*

1. Il y a long temps qu'on possède et qu'on prépare en chimie ce sel sous les noms de *sel volatil d'Angleterre*, parce que c'est dans ce pays qu'on l'a préparé pour la première fois, et d'*alcali volatil concret*, parce qu'avec une odeur faible quoique très sensible d'ammoniaque, on avait cru devoir le distinguer à cause de sa solidité et de sa forme de l'alcali volatil fluor ou caustique qu'on ne pouvait obtenir que liquide. Mais malgré cette distinction de nom, on n'avait nulle idée de sa nature différente et de sa composition, avant la découverte de Black. La présence de l'*air fixe* ou acide carbonique une fois reconnue dans ce sel et confirmée par les recherches de Bergman, de Chaulnes, de Lavoisier, etc., non-seulement il n'y eut plus rien d'obscur sur la formation du prétendu alcali volatil fluor qu'on regardait comme le premier altéré ou changé par la chaux, mais une nouvelle lumière fut tout-à-coup répandue sur une foule de propriétés chimiques relatives aux substances salines, et toutes les erreurs antérieurement commises sur leurs attractions et leurs décompositions réciproques furent dissipées.

On peut dire que les découvertes sur la nature de ce sel et sur ses effets dans les phénomènes chimiques ont mis une ligne de démarcation bien prononcée entre tout ce qui avait été fait auparavant, et tout ce qui a été fait depuis ; de sorte que la plupart des anciennes assertions chimiques sur l'alcali volatil dans ses deux états sont autant d'erreurs réelles que les découvertes modernes ont appris à corriger.

2. Quand on eut bien confirmé la composition du prétendu alcali volatil concret, quand les expériences unanimes de tous les chimistes modernes eurent prononcé qu'il était composé d'un acide uni à l'alcali volatil caustique, on lui donna alors différens noms pour le distinguer de l'alcali volatil fluor. Bergman le nomma *alcali volatil aéré;* on l'appelait *méphyte volatil*, *sel ammoniacal crayeux*, *craie ammoniacale*, suivant que l'acide qui lui était uni était désigné par les noms d'*aérien*, de *méphytique* et de *crayeux*. L'expression de carbonate d'ammoniaque a succédé à ces premiers noms inexacts ou incorrects, à l'époque où la nomenclature méthodique et systématique a été établie.

B. *Propriétés physiques; histoire naturelle.*

3. Le carbonate d'ammoniaque bien pur est sous forme cristalline rarement très-régulière. Le plus souvent ses cristaux sont si petits qu'il est difficile d'en déterminer exactement la figure. Bergman les décrit et les représente comme un octaèdre aigu dont les quatre angles sont tronqués. Romé-de-Lille les a vus en prismes tétraèdres comprimés, terminés par un sommet dièdre. Fréquemment ils offrent de petits faisceaux d'aiguilles ou de prismes très-fins, arrangés entre eux de manière à représenter des herborisations, des feuilles de fougères ou des barbes de plumes. Ceux-ci sont le produit le plus ordinaire de la sublimation ; les octaèdres tronqués ont été obtenus par Bergman, en saturant de l'eau tiède de ce sel, en fermant exactement la bouteille qui contenait cette dissolution et en l'exposant à un grand froid. Il est vrai qu'il ne s'exprime pas très-positivement sur leur forme, et qu'il dit n'avoir eu que des cris-

taux peu réguliers, qui lui ont paru être des octaèdres tronqués sur quatre de leurs angles.

4. La saveur de ce sel est un peu âcre, ammoniacale et fétide; il répand faiblement, mais très-sensiblement l'odeur d'ammoniaque; il verdit la couleur des violettes, et brunit la teinte jaune du cucurma.

5. On ne le trouve point tout formé ou pur dans la nature. Il n'existe pas parmi les fossiles; on ne l'a point rencontré encore en dissolution dans les eaux; il paraît être contenu dans les matières animales, et sur-tout dans les urines pourries.

C. *Extraction; préparation.*

6. On le prépare de toutes pièces ou on le fabrique artificiellement en chimie par un grand nombre de procédés divers. Autrefois on le retirait uniquement des matières animales sèches distillées à grand feu dans des cornues. Ce produit qu'on nommait alors *sel volatil* de corne de cerf, de vipère, etc., était formé tout entier par la décomposition complète de la matière animale; l'ammoniaque d'un côté résultait de l'union de l'azote avec l'hidrogène, et l'acide carbonique de celle du carbone avec l'oxigène. Il était toujours sali par de l'huile animale qui se volatilisait en même temps que le sel. On tire souvent parti de ce procédé dans les manufactures, en distillant des chiffons, des os, du charbon de terre, pour obtenir la partie d'ammoniaque nécessaire à sa combinaison avec l'acide muriatique.

7. Le mélange du gaz acide carbonique et du gaz ammoniac au-dessus du mercure donne aussi du carbonate d'ammoniaque qui, comme on l'a vu ailleurs, prend d'abord la forme de fumée blanche, et se concrète ensuite en petits faisceaux cristallisés; mais ce mélange se fait en trop petite quantité pour pouvoir servir à cette fabrication. On y réussit mieux en plongeant de grands ballons ou des jarres de verre, imprégnés ou mouillés d'ammo-

niaque liquide sur leurs parois dans l'atmosphère de gaz acide carbonique qui couvre la bierre en fermentation ; au bout de quelques heures d'une pareille exposition les parois de ces vaisseaux se trouvent recouvertes de cristaux de carbonate d'ammoniaque bien saturé ; et en multipliant suffisamment cet appareil on peut en préparer de grandes quantités à-la-fois.

8. Mais la manière la plus prompte et la plus commode d'obtenir abondamment le carbonate d'ammoniaque solide, celle qu'on pratique le plus communément dans les laboratoires de chimie, consiste ensuite à décomposer du muriate ammoniacal avec du carbonate de chaux. Pour cela on mêle bien dans un mortier de verre ou de marbre, une partie du premier sel avec deux parties du second mis en poudre et pris dans une grande pureté et bien secs. On introduit ce mélange dans une cornue de grès à laquelle on adapte pour récipient un large fuseau ou une cucurbite de verre, qu'on refroidit en appliquant à sa surface extérieure des linges trempés d'eau froide, et renouvelée souvent. On chauffe la cornue par degrés, jusqu'à la faire fortement rougir. Il y a dans cette opération une attraction double superflue. La chaux qui seule décomposerait le muriate d'ammoniaque, s'empare de l'acide muriatique, et l'ammoniaque qui en est séparée se portant sur l'acide carbonique dégagé en même temps de la chaux, forme le carbonate ammoniacal qui se sublime et s'attache en cristaux aux parois du récipient. Il est essentiel de prendre des matières bien sèches ; car sans cette précaution on n'obtiendrait point, ou au moins on n'obtiendrait que très-peu de carbonate d'ammoniaque sec, et il passerait en dissolution épaisse, de laquelle une partie se précipiterait par le refroidissement. Après cette opération, il reste dans la cornue du muriate avec excès de chaux ; c'est le *phosphore* de Homberg dont on a parlé dans l'histoire de ce dernier sel.

9. Le procédé qu'on vient de décrire a été pratiqué en grand peu de temps après le commencement du dernier siècle, en

Angleterre; il a fait nommer long temps le carbonate d'ammoniaque solide qu'il fournit, *sel volatil d'Angleterre.*

Les chimistes de l'académie des sciences de Paris soupçonnèrent et découvrirent bientôt le moyen d'obtenir ce sel, et on le prépara promptement dans les pharmacies françaises.

Il n'est pas besoin de répéter ici qu'on peut préparer également le carbonate d'ammoniaque, en décomposant le muriate ammoniacal par les carbonates de potasse et de soude, qu'il ne faut même qu'une partie et demie au plus de ces deux derniers, aulieu de deux de carbonate de chaux à cause de la proportion plus grande d'acide carbonique qu'ils contiennent et la moindre quantité de leurs bases nécessaires pour saturer l'acide muriatique, et qu'on ne donne la préférence au carbonate de chaux que parce qu'il est beaucoup plus commun et moins cher que les précédens. Si le carbonate d'ammoniaque, produit de la première opération, n'est pas bien blanc et bien pur, on le rectifie par la sublimation; mais cela n'est jamais nécessaire, lorsqu'on a choisi les deux sels dans un grand état de pureté.

D. *Action du calorique.*

10. Le carbonate d'ammoniaque dont les propriétés alcalines ne sont pas entièrement masquées, comme on l'a dit plus haut des autres carbonates, est extrêmement volatil. On le sublime à une chaleur peu supérieure à celle de l'eau bouillante. Jeté sur une brique ou un fer chaud, on le voit se fondre, bouillir et se réduire en vapeur très-légère et peu sensible; il faut lorsqu'on veut le sublimer ainsi et le purifier par ce procédé, employer une chaleur très-douce. Il se cristallise toujours mal et confusément par cette opération qui, d'ailleurs, n'en sépare pas les principes et ne le décompose pas.

E. *Action de l'air.*

11. Ce sel, bien pur et bien saturé, n'est pas sensiblement

altérable à l'air ; il ne perd, ni n'absorbe de l'eau à son contact. Lorsqu'on le voit devenir humide et se ramollir dans l'atmosphère ; c'est toujours par ce qu'il contient un excès d'ammoniaque, ce qu'on reconnaît à la vivacité de son odeur. On ne peut douter non plus que le carbonate d'ammoniaque ne soit dissoluble dans l'air, lorsque, laissé dans un vase découvert, il perd peu-à-peu de son poids, et répand, à une certaine distance, l'odeur très-sensible qui le caractérise, et qui ne peut appartenir qu'à sa dissolution aérienne.

F. *Action de l'eau.*

12. Le carbonate d'ammoniaque est très dissoluble dans l'eau, et produit un froid assez fort pendant sa dissolution. Deux parties d'eau à dix degrés en dissolvent un peu plus d'une de sel ; l'eau à quarante degrés en dissout plus que son poids ; lorsqu'on a fait refroidir rapidement et fortement cette dissolution, le sel se cristallise et présente l'apparence de la forme régulière décrite par Bergman. On ne doit pas employer l'eau bouillante dans cette opération, parce que le carbonate d'ammoniaque s'échappe avec sa vapeur.

G. *Décomposition ; proportions des principes.*

13. Aucun corps combustible n'a d'action sur le carbonate d'ammoniaque, la chaleur nécessaire pour favoriser cette action volatilisant le sel avant qu'elle puisse avoir lieu ; aussi n'en dégage-t-on pas l'acide carbonique par le charbon, et ne le décompose-t-on pas par le phosphore.

14. Il paraît que quelques oxides métalliques peuvent lui enlever son acide carbonique. Tous les acides, même le boracique, aidés de la chaleur, en dégagent l'acide avec une effervescence plus marquée que celle des carbonates de potasse et de soude, parce qu'il contient plus d'acide que les deux derniers, comme on va le dire dans un instant. La théorie

de cette décomposition est fort simple, et la même que celle des carbonates précédemment examinés. La seule différence consiste dans l'effervescence qui est ici, en bulles beaucoup plus grosses et plus abondantes qu'avec les deux sels précédens, à cause de l'abondance de l'acide carbonique.

15. La barite, la strontiane, la chaux, la potasse et la soude décomposent le carbonate d'ammoniaque d'une manière inverse à celle des acides, puisque ces bases s'emparent de son acide et dégagent l'ammoniaque. Par la voie sèche, toutes présentent le même phénomène, dégagement de gaz ammoniac et formation de carbonates; la magnésie même produit un effet égal à l'aide d'un peu de temps, suivant l'observation de Bergman, d'après laquelle j'ai rangé le carbonate de magnésie avant celui d'ammoniaque. La potasse et la soude décomposent le carbonate d'ammoniaque sans précipitation apparente; la première se cristallise seulement en carbonate de potasse dans des liqueurs saturées; la barite, la strontiane et la chaux forment des précipités abondans de carbonate terreux. Les autres bases, la silice, l'alumine et la zircone, n'ont aucune action sur ce sel. Sa dissolution dissout très-bien et abondamment la glucine, et on se sert avec succès du carbonate d'ammoniaque pour séparer cette terre d'avec l'alumine dans l'analyse des pierres qui les contiennent toutes les deux, comme l'a fait le citoyen Vauquelin en analysant le béril et l'émeraude. La dissolution de glucine dans le carbonate d'ammoniaque liquide laisse précipiter cette terre par la chaleur, à mesure que le carbonate d'ammoniaque se volatilise.

16. Le carbonate d'ammoniaque décompose les sels alumineux et zirconiens par attraction double superflue, puisque l'ammoniaque seule en opère la même décomposition. Il n'agit qu'à moitié sur les sels magnésiens avec lesquels on sait déja que l'ammoniaque forme des sels triples: quelquefois même, il ne précipite pas leur dissolution à cause de

la grande quantité d'acide carbonique qu'il contient et qui dissout le carbonate de barite formé; mais il décompose par attraction double nécessaire les sels baritiques, strontianiques et calcaires, puisque l'ammoniaque n'altère en aucune manière ces sels, et que ce n'est qu'aidée par l'attraction de l'acide carbonique pour les bases terreuses qu'elle en opère ici la décomposition. Aussi se précipite-t-il, dans ces opérations, des carbonates de barite, de strontiane ou de chaux. Autrefois on croyait que l'alcali volatil avait plus d'affinité avec les acides que la terre calcaire, parce qu'on regardait comme véritable alcali volatil le carbonate de chaux, tandis qu'on voyait en même-temps les sels ammoniacaux décomposés par la chaux; c'est ce qui avait fait imaginer les *affinités réciproques.* On sait aujourd'hui à quelle erreur l'ignorance de l'acide carbonique avait pendant long temps dévoué les chimistes, et combien d'embarras elle jetait dans leurs explications.

17. Suivant Bergman, 100 parties de carbonate d'ammoniaque bien cristallisé contiennent :

Acide carbonique	45.
Ammoniaque . .	43.
Eau	12.

H. *Usages.*

18. Le carbonate d'ammoniaque est souvent utile en chimie pour des décompositions salines. Dans les manufactures, on le prépare en grand par la distillation des matières animales pour fabriquer le muriate d'ammoniaque, soit en précipitant avec ce produit le muriate calcaire des eaux mères de salines; soit en le combinant directement avec l'acide muriatique dégagé de muriate de soude par l'acide sulfurique.

En médecine, le carbonate d'ammoniaque est fréquemment administré comme un remède énergique et puissant. On l'emploie comme stimulant et fortifiant, en le faisant respirer aux personnes qui tombent en faiblesse. En Angleterre, on le mêle avec les huiles volatiles pour le parfumer, et on en saupoudre les parois de petits flacons de verres colorés qu'on bouche bien. On l'a regardé comme spécifique du venin de la vipère, en le prenant intérieurement; mais la plupart des cas où on l'a administré et où son action a passé pour spécifique, paraissent avoir été de nature à se guérir spontanément, suivant le résultat des recherches de M. Fontana. On a encore compté le carbonate d'ammoniaque au nombre des antivénériens et des anticancéreux; l'une et l'autre de ces propriétés sont au moins très-problématiques. En général ce sel est rangé parmi les incisifs, les diurétiques, les diaphorétiques, les irritans, les fondans.

ESPÈCE VIII. — *Carbonate ammoniaco-magnésien.*

1. Je distingue comme espèce le carbonate ammoniaco-magnésien, par une analogie qui ne s'est point encore démentie dans tous les genres de sels que j'ai décrits jusqu'ici, et parce qu'il y a plusieurs circonstances où ce sel se forme manifestement. S'il n'est pas encore permis, dans l'état actuel de la science, de décrire avec autant d'exactitude le carbonate ammoniaco-magnésien que toutes les espèces précédentes de carbonates, il est aumoins indispensable d'indiquer les circonstances où ce sel se forme, et de prouver la réalité de son existence, afin de rendre la série systématique des matières salines plus complète, et d'inviter les chimistes à examiner avec soin les propriétés de cette nouvelle espèce, dont aucun auteur n'a encore parlé.

2. Quand on décompose le carbonate d'ammoniaque à l'aide de la magnésie, par la voie humide, en laissant ces deux matières en contact dans une bouteille fermée, on n'opère point une décomposition complète, et il se forme du car-

bonate triple ammoniaco-magnésien ; la même combinaison a lieu lorsqu'on précipite une dissolution de carbonate de magnésie dans l'eau acidule à l'aide de l'ammoniaque pure, ainsi que quand on précipite une dissolution de sulfate, de nitrate ou de muriate ammoniaco-magnésien par le carbonate de potasse ou le carbonate de soude. Voilà donc quatre opérations chimiques dont un des produits constans est l'espèce de sel triple dont je parle ici.

3. Quoique les propriétés de ce carbonate à double base ou de cette réunion de deux carbonates ne soient point encore connues, j'ai déja vu que ce sel est autrement cristallisable, que chacun de ceux qui le forment ne l'est séparément, qu'il suit une loi particulière de dissolubilité et de décomposition, qu'il est entièrement décomposé par le feu, par les acides et par la barite, la strontiane, la chaux et les alcalis fixes.

ESPÈCE IX. — *Carbonate de glucine.*

A. *Histoire.*

1. Le carbonate de glucine est une des espèces de ce genre qui sont le moins connues, parce que ce sel, découvert depuis très-peu de temps par le citoyen Vauquelin, n'a encore été examiné que par lui et sur des quantités très-peu considérables. C'est cependant un des sels de cette nouvelle base qu'il a étudiés, et dont il a le mieux déterminé les propriétés, parce qu'elles se sont présentées le plus aisément à ses recherches.

B. *Propriétés physiques.*

2. Ce sel est en poudre blanche, matte, pelotonée, jamais sèche, mais grasse et douce sous le doigt. Il n'a point de saveur et n'est pas sucrée comme les autres sels de glucine. Il est fort léger; on ne l'a point trouvé dans la nature.

C. *Préparation.*

3. On prépare artificiellement le carbonate de glucine, soit en exposant cette terre à l'air dont elle attire l'acide carbonique, soit en précipitant des sels de glucine solubles par des carbonates alcalins. On lave exactement le précipité qui se forme, pour lui enlever tout le sel qu'il peut contenir, et on le fait ensuite bien sècher à l'air.

D. *Action du calorique.*

4. Ce sel perd facilement son eau et son acide carbonique par l'action du feu, et il se réduit promptement par cet agent à l'état de sa base ou de glucine pure et caustique, c'est-à-dire privée d'acide.

E. *Action de l'air.*

5. Il est complétement inaltérable à l'air.

F. *Action de l'eau.*

6. Il est indissoluble dans l'eau; il diffère même, à cet égard, du plus grand nombre des autres carbonates qui deviennent dissolubles à la faveur de leur acide. Le citoyen Vauquelin n'est pas parvenu à le dissoudre dans de l'eau chargée d'acide carbonique.

G. *Décomposition; proportions de ses principes.*

7. Le carbonate de glucine est décomposable par tous les acides des sels précédens, qui en chassent rapidement l'acide carbonique avec une forte et vive effervescence, et qui s'emparent de sa base.

8. Il est décomposé d'une manière inverse par les alcalis et les terres alcalines qui lui enlèvent son acide. L'ammoniaque, en le décomposant d'abord, dissout promptement sa

base, la glucine, parce qu'on a vu que le carbonate ammoniacal qui se forme dans ce cas a la propriété de dissoudre abondamment et facilement cette terre.

9. On n'a point encore apprécié son action sur aucun des sels déja décrits; il doit être susceptible de décomposer ses sels calcaires, magnésiens et ammoniacaux, en raison de la double attraction que porte son acide carbonique.

De ses premières expériences sur ce sel, le citoyen Vauquelin a conclu qu'il contenait environ le quart de son poids d'acide.

H. *Usages.*

10. Quoique le peu de carbonate de glucine qu'on a pu se procurer jusqu'ici n'ait pas permis de chercher encore à le rendre utile, on conçoit qu'il pourra servir en chimie, après avoir été précipité d'un sel soluble de glucine par les carbonates alcalins, pour se procurer cette terre pure, puisqu'il perd facilement son acide par la calcination.

Espèce X. — *Carbonate d'alumine.*

1. Voilà encore une espèce de carbonate peu examinée jusqu'ici. Si l'on en excepte quelques mots que Bergman en a dits dans plusieurs endroits de ses opuscules, et ce que j'ai commencé à en exposer dans mes élémens, les chimistes n'ont point jusqu'ici traité de ce sel.

2. Quand on précipite les sels alumineux, notamment le sulfate acidule triple d'alumine, par des carbonates alcalins, on remarque que la précipitation s'opère sans effervescence, ou avec une effervescence légère qui prouve que l'acide carbonique ne se dégage pas; et comme il ne peut pas demeurer uni à l'alcali quelconque qui se porte sur l'acide sulfurique, il est très-évident qu'il se fixe dans l'alumine précipitée; aussi la liqueur, après cette précipitation, contient-elle une

portion de véritable carbonate d'alumine qui se dépose en quelques heures ou en quelques jours par l'évaporation de l'acide carbonique qui le tenait en dissolution.

3. L'argile ou le mélange naturel d'alumine et de silice, etc. contient d'ailleurs une certaine portion d'acide carbonique, qui s'en dégage par une forte cuisson au feu. Celle de Cologne, dit Bergman, fournit aussi plusieurs fois son volume de cet acide, mêlé à une petite portion de gaz hidrogène. Ainsi l'alumine naturelle des terres paraît être saturée d'acide carbonique, et c'est pour cela que quand on traite les terres grasses argileuses, par les acides, pour en faire l'analyse, on trouve qu'elles sont effervescentes, même sans contenir de carbonate de chaux, ou dans leur partie alumineuse.

4. On n'a point examiné d'avantage les propriétés de cette combinaison, qui paraît au reste n'affecter ni forme cristalline, ni caractères bien distinctifs de ceux de l'alumine pure, et qu'on emploie, comme on la confond tous les jours, pour celle-ci; mais elle peut jouer, comme acidifère, un grand rôle dans la végétation.

ESPÈCE XI. — *Carbonate de zircone.*

1. M. Klaproth, qui a découvert la zircone comme terre particulière, n'a rien dit de son union avec l'acide carbonique. Le citoyen Guyton, dans son analyse des hyacinthes d'Expailly, a cru que cette terre refusait de se dissoudre dans l'acide carbonique. Le citoyen Vauquelin, au contraire, a insisté, dans son analyse comparée des hyacinthes de France ou d'Expailly avec celles de Ceylan, sur la combinaison de la zircone avec l'acide carbonique.

2. Il est facile d'acorder les deux chimistes sur cet article. Le citoyen Guyton s'est servi d'une dissolution très-acide de zircone pour la précipiter par les carbonates alcalins, et le citoyen Vauquelin a fait la même opération sur du

muriate de zircone évaporé, puis redissous dans l'eau. L'un et l'autre ont constaté d'ailleurs, ce qui rapproche singulièrement leurs résultats à cet égard, que la zircone, précipitée d'abord par les carbonates, se redissolvait dans un excès de ces sels; et ce fait prouve l'attraction de la zircone pour l'acide carbonique.

3. Quand on décompose une dissolution de muriate de zircone par une dissolution d'un carbonate alcalin quelconque, la terre se précipite sans qu'il y ait d'effervescence; ce qui prouve que l'acide carbonique s'unit à la zircone à mesure que l'alcali se combine avec l'acide muriatique.

4. Si l'on recueille le précipité de zircone obtenu, et qu'on le chauffe dans des vaisseaux fermés, il donne du gaz acide carbonique.

5. Il en fournit également lorsqu'on le traite par les acides, et sur-tout par le muriatique et le nitrique qui dissolvent cette terre. Il n'y a donc pas de doute sur l'union de la zircone avec l'acide carbonique, et sur l'existence du carbonate de zircone.

6. D'après l'analyse du citoyen Vauquelin, 100 parties de ce sel, qui perd aisément son acide et son eau par l'action du calorique, contiennent 55,5 de zircone et 44,5 d'eau et d'acide dont il n'a point déterminé la proportion.

7. Un des caractères les plus remarquables du carbonate de zircone, d'après le même chimiste, c'est de se combiner très-facilement et de devenir très-soluble avec les carbonates alcalins. Il forme alors des sels triples dont il paraît y avoir au moins trois espèces; savoir, un carbonate de potasse et de zircone, un carbonate de soude et de zircone et un carbonate d'ammoniaque et de zircone.

8. De ces trois sels je ne traiterai comme espèce que le dernier, soit parce que c'est le seul dont le citoyen Vauquelin a reconnu quelques propriétés, tandis qu'il n'a fait qu'énoncer l'existence des deux premiers, soit parce qu'il

serait superflu de multiplier les espèces de sels, soit parce qu'il n'y a pas de nécessité absolue de distinguer toutes celles qui ne sont encore qu'entrevues, et qui surchargeraient la science sans augmenter sa véritable richesse, lorsqu'elles ne sont point encore assez connues dans leurs propriétés caractéristiques.

ESPÈCE XII. — *Carbonate ammoniaco-zirconien.*

1. Lorsqu'on précipite une dissolution de muriate de zircone par le carbonate d'ammoniaque, il se forme d'abord un précipité blanc assez abondant; en continuant d'ajouter de ce sel, le dépôt disparaît et la liqueur devient claire; ainsi le carbonate d'ammoniaque commence par séparer du carbonate de zircone et le redissout ensuite lorsqu'on l'ajoute en excès, de sorte qu'il se forme un carbonate ammoniaco-zirconien.

2. L'expérience qu'on vient de décrire prouve que ce sel triple est beaucoup plus dissoluble que le carbonate de zircone, puisque celui-ci, précipité d'abord, se redissout ensuite, à mesure qu'il se combine avec le carbonate d'ammoniaque.

3. Le carbonate ammoniaco-zirconien se décompose très-aisément par l'action du feu. Quand on chauffe sa dissolution dans l'eau jusqu'à la faire bouillir, le carbonate d'ammoniaque se volatilise, la liqueur devient laiteuse, et le carbonate de zircone se précipite. Pour opérer cette décomposition complète, il faut chauffer long temps et jusqu'à ce que tout le carbonate d'ammoniaque soit volatilisé.

4. Les alcalis fixes et les bases terreuses puissantes, la barite, la strontiane et la chaux décomposent ce sel. Le citoyen Vauquelin remarque que l'ammoniaque pure ou caustique ne précipite pas sa dissolution, ce qui doit être en effet. Cette remarque lui sert à prouver que le sel dissous

est bien véritablement un sel triple ; car si ce n'était qu'une simple dissolution de carbonate de zircone dans un excès d'acide carbonique, il est bien évident que l'ammoniaque, en s'emparant de cet excès d'acide, ferait précipiter le carbonate de zircone.

ESPÈCE XIII. — *Carbonate ammoniaco-glucinien.*

1. J'ai fait observer dans l'histoire de la glucine et dans celle de plusieurs espèces de matières salines, que la glucine était dissoluble dans une lessive de carbonate d'ammoniaque, et que cette propriété, en même temps qu'elle était très-bonne pour caractériser cette terre, devenait aussi très-avantageuse, en fournissant un moyen de la séparer d'avec l'alumine qui ne se dissout pas comme la glucine dans ce sel ammoniacal. C'est un des moyens qui a servi utilement au citoyen Vauquelin pour la découverte de la glucine, et un des caractères par lesquels il en a reconnu l'existence et la nature particulières.

2. Cette dissolubilité de la glucine dans la lessive de carbonate d'ammoniaque, en montrant une attraction remarquable entre les deux substances, prouve que la terre partage l'adhérence de l'ammoniaque pour l'acide carbonique, et forme par ce partage même une espèce de sel triple ou à deux bases que je nomme carbonate ammoniaco-glucinien. Il est évident que ce sel, dont l'existence est encore si nouvelle pour les chimistes, et dont le citoyen Vauquelin lui-même, qui l'a le premier formé dans ses expériences, n'a décrit encore aucune propriété, ne peut être connu dans aucun des caractères qui lui sont propres, excepté sa dissolubilité dans la même quantité d'eau que celle qui tenait le carbonate d'ammoniaque avec laquelle on le prépare.

ARTICLE XIII.

Résumé sur les propriétés générales que présentent les sels, et sur la comparaison que l'on peut établir entre elles.

1. Quoique l'histoire des genres et des espèces de matières salines que je viens de décrire ait exigé de grands développemens et de longs détails, pour être traitée comme il était convenable qu'elle le fût dans l'état actuel de nos connaissances, on a dû voir, même par l'ordre que j'ai suivi, qu'il était possible de rapporter leurs propriétés à un certain nombre de termes généraux, dont l'ensemble constitue véritablement le caractère salin.

2. En effet, la saveur des sels ou leur impression sur nos organes, la cristallisation par laquelle l'art leur donne la forme, la fusibilité ou l'influence que le calorique accumulé exerce sur eux, l'efflorescence et la déliquescence ou l'action qu'ils éprouvent de la part de l'air, enfin leur dissolubilité ou leur rapport avec l'eau ; voilà les cinq caractères les plus prononcés de ces matières, et ceux qui parmi les propriétés traitées dans cette section ont le plus attiré toute notre attention. On pourrait y joindre la pesanteur spécifique et la forme primitive ; mais il n'y a pas encore assez de faits positifs sur ces deux propriétés pour qu'il soit permis d'en tirer des notions générales, comme je me propose de les offrir ici. J'en dirai cependant quelque chose, mais on verra qu'elles ne fournissent point une comparaison aussi utile que celle qu'il me sera permis d'établir sur les cinq propriétés énoncées. Je vais donc reprendre chacune de celles-ci dans autant de paragraphes.

§. Ier.

De la saveur des sels comparés entre eux.

3. C'était autrefois d'après la saveur qu'on croyait connaître le caractère et la nature générale des matières salines. On la leur avait tellement attribuée en particulier qu'elle semblait suffire pour les caractériser et les faire reconnaître. Alors comme il suffisait qu'une matière fût sapide pour qu'elle appartînt à la classe des sels, on rapportait à cette classe sans limites une foule de matières qui n'avaient d'ailleurs nulle autre propriété capable de les y faire appartenir; et comme nulle matière saline ne devait non plus être sans saveur, on excluait de cet ordre une grande quantité de corps qui devaient en faire partie.

4. De là vint cette longue faute commise en minéralogie, et par laquelle on continua si long temps d'inscrire dans la liste des pierres sept à huit espèces principales de sels; faute qu'on n'a corrigée encore que dans la méthode moderne adoptée par l'école des mines de France. De là encore cette manière de ranger les acides et les alcalis, comme matières très-âcres, dans la classe des matières salines, et même l'habitude qu'on avait prise en chimie de regarder ces acides et ces alcalis, en raison de leur saveur très-énergique, non-seulement comme des sels mais encore comme les sels les plus puissans et les plus forts, comme ceux qui communiquaient même leur énergie aux autres.

5. Ce n'est plus de cette manière qu'il est aujourd'hui permis d'envisager les rapports de la saveur avec les propriétés salines. La saveur ne doit plus être placée à la tête des caractères salins comme le signe de l'affinité ou de l'attraction puissante qu'elle exerce sur nos organes; cette action appartient à d'autres matières autant et souvent même plus qu'aux sels, car les acides et les oxides, qui ne sont plus

des corps salins, l'exercent dans un degré beaucoup plus éminent que les sels.

6. Pour peu qu'on réfléchisse à cette différence et à sa cause, on reconnaît qu'elle est due à l'état des attractions chimiques comparé entre les corps très-sapides et les matières salines. Ceux-là, en effet, ont une force de combinaisons toujours très-grande, parce qu'ils tendent à s'unir à un grand nombre de corps; dans les sels, au contraire, cette force est satisfaite; les bases neutralisent les acides, suivant le langage ancien de la chimie, c'est-à-dire épuisent leur tendance à la combinaison, saturent leur puissance d'union, affaiblissent la force avec laquelle ils se portaient sur les différens corps; les modernes en disent autant des bases affaiblies par les acides où ils admettent la saturation réciproque. Ainsi cette considération beaucoup plus exacte que celle qu'on avait autrefois employée en chimie fait voir que les sels, loin d'être les matières les plus sapides, doivent au contraire avoir la saveur la moins marquée ou la moins prononcée, comme des composés dont la saturation est la plus parfaite.

7. Il est facile d'entendre maintenant pourquoi dans l'exposé des propriétés de la plupart des sels on a trouvé ou l'expression d'une insipidité absolue, ou l'énoncé d'une sapidité moyenne, désignée par la sensation qu'elle fait naître chez le plus grand nombre des hommes, et rarement l'exposé d'une saveur assez âcre, assez forte, assez puissante pour agir comme caustique. Il est cependant parmi les sels dont les matériaux tiennent peu fortement ensemble, quelques composés d'une forte et violente saveur; mais il est notable qu'elle ne va jamais jusqu'à la causticité. Il ne l'est pas moins que souvent ce soit parmi les composés salins dont les matériaux isolés ou séparés ont la sapidité la plus forte et la causticité la plus grande, comme l'acide sulfurique concentré, la potasse, la soude et la barite, que se trouve l'insipidité la

plus frappante; et l'on peut voir dans ce contraste, dans cette opposition si marquée, la preuve que l'attraction exercée réciproquement par ces matériaux les uns sur les autres est la source de la disparition de leur saveur.

8. Quoique ce soit une loi générale en chimie que les composés ont des propriétés très-différentes de celles de leurs composans, parce que l'attraction de composition change véritablement les propriétés des corps qui l'éprouvent; il est cependant quelques nuances de saveurs, sinon semblables, au moins analogues les unes aux autres, qui naissent tantôt du même acide, quoique combiné à des bases très différentes, tantôt de la même base, quoiqu'unie à des acides très différens. Ainsi l'acide nitrique donne aux nitrates en général de la fraîcheur; le phosphorique, un goût douceâtre aux phosphates; le sulfureux, une saveur de soufre brûlant aux sulfites; le muriatique, une saveur salée aux muriates. Ainsi, l'alumine présente dans tous ses sels une saveur acerbe ou astringente; la glucine communique aux siens une saveur sucrée; la magnésie, une amère; la zircone, une âpre et comme métallique. Il ne faut pas cependant établir sur ce fait un point de doctrine, car il y a des exceptions trop nombreuses et trop fortes pour qu'on puisse le regarder comme général. La barite fait tantôt des sels insipides, tantôt des sels âcres; les uns et les autres sont également vénéneux. La chaux donne des sels amers extrêmement âcres, et des sels absolument sans saveur.

9. La saveur se trouve souvent dans les sels être réunie à d'autres propriétés qui suivent assez exactement son énergie ou sa faiblesse. Ainsi c'est une règle générale que tous les sels très-sapides soient en même temps très-dissolubles dans l'eau, et que ceux au contraire qui ont une insipidité plus ou moins grande, ayent en même temps une indissolubilité plus ou moins marquée. Il serait difficile de trouver une exception à cette règle; on peut même la pousser au point de dire que les sels très-âcres sont si dissolubles, qu'ils attirent avec énergie l'eau

atmosphérique, et qu'ils sont caractérisés par une prompte déliquescence.

10. On trouve encore une analogie assez forte, un rapport assez marqué entre la saveur des sels et leurs propriétés médicamenteuses. Cependant il y a moins de constance et moins de certitude dans ce genre de rapports que dans le précédent, ou au moins il n'a pas été étudié avec la même exactitude; il n'est pas aussi facile à connaître ni à déterminer. En général, il est vrai, tout sel amer âcre est purgatif et fondant; tout sel peu sapide donne à l'eau le caractère d'eau dure ou crue; mais il ne faut pas oublier que le sulfate et le carbonate de barite, quoiqu'entièrement insipides, sont vénéneux.

§. II.

De la cristallisation et de la forme des sels.

11. La cristallisation est en chimie ou la propriété qu'ont les corps de prendre une forme régulière, ou l'art de la leur faire prendre. On la leur donne à l'aide de certaines circonstances dont la réunion paraît être nécessaire pour favoriser l'arrangement des molécules. Presque tous les minéraux jouissent de cette propriété, mais il n'y a point de corps dans lesquels elle soit aussi énergique que les substances salines. Les circonstances qui la favorisent, et sans lesquelles elle ne peut avoir lieu, se réduisent toutes pour les sels aux deux suivantes. 1°. Il faut que leurs molécules soient divisées et écartées par un fluide, afin qu'elles puissent ensuite tendre les unes vers les autres, ou s'attirer réciproquement par les faces qui ont le plus de rapport entre elles. 2°. Il est nécessaire, pour que ce rapprochement ait lieu, que le fluide qui écarte leurs parties intégrantes soit enlevé peu-à-peu, et cesse de les tenir écartées.

12. Il est aisé de concevoir, d'après ce simple exposé, que la cristallisation ne s'opère qu'en vertu de l'attraction entre

les molécules, ou de l'affinité d'aggrégation qui tend à les rapprocher et à les faire adhérer les unes aux autres. Ces considérations conduisent à penser que les parties intégrantes d'un sel ont une forme qui leur est particulière, et que c'est de cette forme primitive des molécules que dépend la figure différente que chaque substance saline affecte dans sa cristallisation; elles portent également à croire que les figures polyèdres, appartenantes aux molécules des sels, ayant des côtés inégaux ou des faces plus étendues les unes que les autres; ces molécules doivent tendre à se rapprocher et à se réunir par celles de ces faces qui sont les plus larges. Cela posé, l'on concevra facilement qu'en enlevant le fluide qui tient ces molécules dispersées, elles se réuniront par les faces qui se conviennent le plus, ou qui ont le plus de rapport entre elles, si ce fluide ne les abandonne que peu-à-peu, et de manière à laisser, pour ainsi dire, aux parcelles salines le temps de s'arranger, de se présenter convenablement les unes aux autres, alors la cristallisation sera régulière; et qu'au contraire, une soustraction trop prompte du fluide qui les écarte les forcera de se rapprocher subitement, et pour ainsi dire par les premières faces venues; dans ce cas la cristallisation sera irrégulière et la forme difficile à déterminer. Si même l'évaporation est tout-à-fait subite, le sel ne formera qu'une masse concrète qui n'aura presque rien de cristallin.

13. Il faut aussi faire entrer comme élément de la cristallisation l'attraction des molécules salines pour l'eau et pour le calorique, et les variations de cette attraction qui ont lieu en raison de la quantité de ces deux fluides comparée à celle de la matière saline, le rapport et la différence entre cette attraction et celle qui a lieu entre les molécules du sel; enfin l'attraction exercée par les parois du vase sur les molécules de ce sel. Ce sont autant de causes qui font naître des formes secondaires variées dans les sels, en produisant des décroissemens divers et plus ou moins réguliers dans les rangées de leurs molécules réunies.

14. C'est sur ces vérités fondamentales qu'est fondé l'art de faire cristalliser les matières salines. Tous les sels en sont susceptibles, mais avec plus ou moins de facilité; il en est qui se cristallisent si facilement qu'on réussit constamment à leur faire prendre à volonté la forme régulière; d'autres demandent plus de soin et de précautions; enfin il y en a plusieurs qu'il est si difficile d'obtenir dans cet état, qu'on n'a pas encore pu y parvenir. C'est en étudiant bien les circonstances particulières à chaque sel qu'on réussit à le faire cristalliser. Une première condition pour réussir dans ces opérations, c'est de dissoudre les substances salines dans l'eau; mais il y en a qui sont si peu solubles par nos moyens, qu'il est presqu'impossible ensuite d'en obtenir le rapprochement régulier; tels sont le sulfate, le carbonate, le fluate de chaux, le sulfate de barite. La nature nous présente tous les jours ces sels neutres terreux cristallisés très-régulièrement, et l'art ne peut l'imiter qu'à l'aide d'un temps très-long. Il y a même plusieurs savans distingués qui ne croient point encore à la possibilité du procédé indiqué par M. Achard, de Berlin, et à l'aide duquel il a dit avoir produit des cristaux de carbonate calcaire. Ce procédé ingénieux consiste à faire passer l'eau, qui a séjourné long-temps sur des sels très-peu solubles, à travers un canal très-étroit, et à en procurer l'évaporation avec beaucoup de lenteur.

15. Il y a, au contraire, d'autres matières salines qui sont si solubles, et qui ont tant d'adhérence avec l'eau, qu'elles ne l'abandonnent qu'avec beaucoup de difficulté, et qu'il est aussi très-difficile de les obtenir sous des formes régulières, comme cela a lieu pour tous les sels déliquescens, tels que les nitrates et les muriates calcaires et magnésiens. On ne peut vaincre qu'avec une très-grande difficulté la tendance que ces sels ont pour l'eau; et si l'on parvient à les en isoler par un grand effort, ce n'est que pour quelques instans que cet isolement a lieu; car ces sels perdent promptement leur état cristallisé.

16. On ne peut douter que chaque sel n'ait sa manière propre et particulière de se cristalliser, ou ce qui est la même chose, qu'il n'ait dans ses dernières molécules une forme déterminée et différente de celle de tous les autres. Telle est sans doute la première cause des différences remarquables qui existent entre les cristaux qu'on obtient. Les bases et les acides qui les constituent, depuis les substances salino-terreuses jusqu'aux acides les plus puissans, n'ont, pour la plupart, aucune figure déterminée ; il n'y a que quelques circonstances qui, sans détruire tout-à-fait leurs propriétés distinctives, leur font affecter une forme cristalline, comme cela a lieu dans l'acide muriatique oxigéné, et dans l'acide sulfurique concret. Cependant les alcalis caustiques se cristallisent en lames, suivant l'observation du citoyen Bertholet, et l'acide du borax présente la même forme lamelleuse à tous les chimistes. La plupart de ces composans salifiables ou salifians ne prennent point de forme régulière dans nos laboratoires, soit parce qu'en effet ils n'en sont pas réellement susceptibles, soit parce que nos moyens sont insuffisans pour la leur donner ; mais leurs composés ou les sels affectent tous une forme régulière, et l'art est parvenu à la reproduire et à la faire disparaître à volonté dans la plupart d'entre eux. En considérant cette propriété, bien différente de celle des composans, est-il possible de déterminer si elle dépend des bases alcalines qui les neutralisent ? Il paraît qu'on ne peut l'attribuer ni aux uns ni aux autres exclusivement, puisque les mêmes acides forment souvent avec des bases différentes des sels d'une figure très-diverse ; tandis que, dans d'autres exemples, la même base combinée avec des acides divers présente la même dissemblance dans les cristaux ; c'est donc au changement total des propriétés de chaque nouveau composé salin qu'il faut attribuer la diversité des formes que ces composés affectent.

17. Il y a en général trois moyens de faire cristalliser les sels dans nos laboratoires.

A. L'évaporation. Ce procédé consiste à faire chauffer une dissolution saline de manière à réduire en vapeur l'eau qui en tient les molécules écartées. Plus cette évaporation est lente et plus la cristallisation sera régulière; c'est ainsi qu'on procède pour obtenir cristallisés le sulfate de potasse, les muriates de potasse et de soude, le sulfate de chaux, le carbonate de magnésie. Leur forme n'est que très-peu régulière si l'on évapore trop promptement comme par la chaleur de l'ébullition; mais en tenant sur un bain de sable d'une chaleur de 45 degrés à-peu-près les dissolutions salines de cette nature, on obtient constamment à l'aide d'un temps plus ou moins long, des cristaux très-beaux et très-réguliers, et il n'y a presque point de sel qui ne puisse prendre une forme très-distincte par ce procédé, s'il est exécuté avec intelligence.

B. Le refroidissement est employé avec succès pour ceux qui sont plus dissolubles dans l'eau chaude que dans l'eau froide; on conçoit très-bien qu'un sel de cette nature doit présenter ce phénomène, puisqu'il cesse d'être également soluble dans l'eau dont la température s'abaisse; la portion qui ne restait dissoute qu'à la faveur de cette élévation de température se séparera à mesure que la liqueur se refroidira, et lorsqu'elle sera tout-à-fait froide, l'eau n'en retiendra plus en dissolution que la partie qui est dissoluble à froid. Il en est de ce second procédé comme du premier. Plus l'eau se refroidira lentement, et plus les molécules salines se rapprocheront par les faces qui se conviennent le mieux, alors on aura une cristallisation très-régulière; voilà pourquoi il faut entretenir pendant quelque temps un certain degré de chaleur sous les dissolutions salines, et le diminuer graduellement pour le conduire peu-à-peu si cela est nécessaire jusqu'au degré de la congélation. On doit observer en effet que tous les sels qu'on peut faire cristalliser par ce procédé, sont beaucoup plus dissolubles en général que ceux pour lesquels on se sert du premier, et comme on les dissout d'abord dans l'eau bouillante, celle-ci refroidie subitement laisserait déposer en masse informe tout ce qui a été dissous à la faveur de la chaleur de l'ébullition ; au contraire, si on place sur un bain de sable la dissolution très-chaude, et si on a soin d'en graduer lentement le refroidissement, la cristallisation sera très-régulière. Telle est la manière d'obtenir en beaux cristaux le sulfate de soude, le nitrate de potasse, les carbonates de soude et de potasse, le muriate ammoniacal, etc.

C. La troisième manière de faire cristalliser les sels, c'est de les soumettre à l'évaporation spontanée. Pour cela on expose une dissolution saline bien pure à la température de l'air dans des capsules de verre ou de grès qu'on a soin de couvrir de gaze, afin d'empêcher la poussière d'y tomber sans s'opposer à l'évaporation de l'eau ; on choisit pour cette opération une chambre ou un grenier isolés et qui ne servent qu'à cela ; on laisse cette dissolution ainsi exposée à l'air jusqu'à ce qu'on y apperçoive des cristaux, ce qui n'a quelquefois lieu qu'au bout de quatre à cinq mois, et même plus tard pour certains sels. Ce procédé est en général celui qui réussit le mieux pour obtenir des cristaux très-réguliers et d'un volume considérable. Il devrait être employé généralement pour tous les sels, si le temps le permettait, parce que c'est le moyen de les avoir parfaitement purs. On doit opérer ainsi pour le nitrate de soude, le muriate de soude, le borax, le sulfate triple d'alumine, le sulfate de magnésie, le sulfate ammoniacal, le nitrate d'ammoniaque, etc.

18. Dans quelques circonstances on réunit avec avantage plusieurs de ces procédés ; c'est particulièrement pour obtenir cristallisés les sels très-déliquescens, tels que les nitrates et les muriates calcaires et magnésiens, etc. On évapore fortement leurs dissolutions et on les expose tout de suite à un grand froid ; mais ce moyen ne fournit jamais que des cristaux irréguliers, et quelquefois des masses concrètes sans forme régulière. Si l'on n'est point encore parvenu à faire

cristalliser un assez grand nombre de sels neutres, cela vient de ce qu'on n'a pas déterminé exactement l'état de concentration où doit être chacune de leurs dissolutions pour pouvoir fournir des cristaux. Ce travail, facile en lui-même, et qui n'exige que du temps et de la patience, n'a point encore été complétement suivi par les chimistes. C'est par la pesanteur spécifique des dissolutions qu'on arrivera à cette donnée fort utile pour les laboratoires de chimie; déjà ce procédé a été mis en usage dans plusieurs travaux en grand sur les matières salines; on se sert avec succès d'un aréomètre ou pèse-liqueur, pour déterminer le point de la cristallisabilité pour les liqueurs salines; telles que les eaux salées, salpétrées, alunées, etc.

19. Outre ces différens moyens de faire cristalliser les sels, il existe plusieurs circonstances qui favorisent cette opération, et dont il est nécessaire de savoir apprécier l'influence. Un léger mouvement est quelquefois utile pour déterminer une cristallisation qui ne réussit point; c'est ainsi qu'en agitant ou en transportant des capsules pleines de dissolutions salines qui n'offrent point de cristaux formés, on voit souvent la cristallisation s'établir quelques instans après la plus légère agitation; j'ai déja fait remarquer que ce phénomène avoit sur-tout lieu pour le nitrate et pour le muriate calcaires. Le contact de l'air parait être souvent nécessaire à la formation des cristaux; souvent une dissolution évaporée au point nécessaire pour la cristallisation ne fournit point de cristaux dans un flacon bien bouché, tandis qu'exposée à l'air dans une capsule, on les voit se former très-promptement : cette observation a été faite avec beaucoup d'exactitude par Rouelle l'aîné. La forme des vaisseaux, les corps étrangers plongés dans les dissolutions salines ont encore beaucoup d'influence sur la cristallisation. La première modifie la figure des cristaux, et y produit une très-grande variété; c'est pour cela qu'on place avec avantage des

fils ou de petits bâtons dans les capsules où s'opère la cristallisation, afin d'obtenir des cristaux réguliers; ceux-ci se précipitent sur les fils, et comme la surface sur laquelle ils se reposent a très-peu d'étendue, ils ont ordinairement la forme la plus régulière, tandis qu'en s'appliquant sur les parois obliques, irrégulières, inégales des terrines et des autres vaisseaux communément employés à cet usage, ils sont plus ou moins tronqués et irréguliers.

Souvent des corps étrangers plongés dans les dissolutions salines ont encore un autre avantage; ils déterminent la formation des cristaux, qui aurait été beaucoup plus lente sans leur présence; c'est ainsi qu'un morceau de bois ou une pierre jetée dans une source salée devient une base sur laquelle l'eau dépose des cristaux de muriate de soude. C'est d'après l'observation de ce phénomène, que quelques chimistes ont proposé de plonger un cristal salin dans une dissolution d'un sel qui ne se cristallise point facilement; plusieurs ont assuré que ce moyen favorisait la production des cristaux, pour les sels très-difficiles a obtenir sous une forme régulière. Telles sont les principales causes qui influent sur la cristallisation; il en est sans doute encore d'autres que l'observation fera connaître par la suite aux chimistes.

20. La séparation d'un sel d'avec l'eau qui le tenait fondu ou en dissolution ne peut se faire d'une manière régulière sans que le sel ne retienne une partie de ce fluide. On peut se convaincre de ce phénomène en prenant un sel réduit en poudre par la chaleur, comme du sulfate d'alumine, du borate de soude calcinés, ou du sulfate de soude desséché. En les dissolvant dans l'eau et en les faisant cristalliser, on les trouvera augmentés quelquefois à partie égale après leur cristallisation; c'est-à-dire qu'une partie de sel traité ainsi donnera deux parties de cristaux. Les chimistes ont conclu de ce phénomène qu'un sel bien cristallisé contenait plus d'eau que le même sel privé de sa

forme par l'action du feu ou de l'air ; ils ont appelé cette eau étrangère à son essence saline, mais nécessaire à sa forme cristalline, *eau de cristallisation*, parce qu'en effet elle est un des élémens de leurs cristaux ; lorsqu'on leur enlève cette eau, ils perdent en même temps leur transparence et leur forme régulière.

Les différens sels contiennent une plus ou moins grande quantité de cette eau de cristallisation ; il en est qui en contiennent la moitié de leur poids, comme le sulfate de soude, le carbonate de soude, le sulfate triple d'alumine ; d'autres n'en ont qu'une petite quantité, comme le nitre, le muriate de soude, etc. On n'a point encore déterminé exactement cette quantité relative d'eau de cristallisation dans tous les sels bien cristallisables. Cette eau peut être enlevée aux sels sans que leur nature intime en soit altérée en aucune manière, et elle est elle-même parfaitement pure et semblable à de l'eau distillée.

21. Comme tout ce qui vient d'être exposé jusqu'ici sur la cristallisation des sels prouve que les diverses substances salines ne se cristallisent point par les mêmes procédés, et suivent différentes lois dans leur formation en cristaux, il est clair qu'on peut se servir de ce moyen avec avantage pour opérer leur séparation ; c'est ainsi qu'un sel cristallisable par le refroidissement peut être obtenu très-exactement séparé d'un autre sel cristallisable par la seule évaporation continuée, comme cela a lieu pour les eaux des fontaines de Lorraine qui contiennent du muriate et du sulfate de soude. Malgré cela, il arrive souvent que deux sels dissous dans la même eau, quelque différence qu'ils présentent dans la manière dont ils se cristallisent, se trouvent plus ou moins mêlés ensemble, et qu'il faut avoir recours à plusieurs dissolutions et cristallisations successives pour les obtenir purs et sans mélange. Cette observation est encore plus importante à faire sur les sels qui se ressemblent par les lois de leur cristallisation ;

ceux-ci sont beaucoup plus difficiles à séparer les uns des autres, sur-tout s'ils sont en plus grand nombre. Par exemple, si la même eau contenait quatre sels également cristallisables par l'évaporation ou par le refroidissement, il serait impossible de les séparer par une ou deux cristallisations successives, et il faudroit multiplier ces opérations un assez grand nombre de fois, pour faire agir les nuances légères qui existent entre leurs cristallisabilités; car il faut remarquer que, quoique deux ou plusieurs sels soient également cristallisables par le refroidissement ou par l'évaporation, il y a cependant entre eux des nuances sensibles qui modifient, pour ainsi dire, cette loi générale; sans cela, ils se cristalliseraient toujours ensemble, et l'on ne pourrait jamais les obtenir bien séparés; ce qui a cependant lieu, même pour les sels les plus semblables par leur cristallisabilité. Il n'y en a que quelques-uns qui font exception à cette règle, parce qu'ils ont une adhérence particulière ou une affinité remarquable entre eux; tels sont en général les sels formés par le même acide, et en même temps cristallisables par le même procédé; mais on n'a point encore assez observé ces singulières adhérences entre les sels, et cet objet mérite toute l'attention des chimistes.

22. Enfin, pour terminer cette histoire abrégée de la cristallisation des sels, j'ajouterai qu'il y a une autre manière de les obtenir cristallisés; c'est de les précipiter de leurs dissolutions par une substance qui ait plus d'affinité avec l'eau qu'ils n'en ont. L'alcool versé dans une dissolution saline produit cet effet sur le plus grand nombre des sels neutres; on ne doit en excepter que ceux qui sont dissolubles dans ce liquide. Le même phénomène de précipitation des cristaux salins a lieu dans le mélange de quelques sels dont la dissolubilité est très-différente, et même quelquefois par le mélange de plusieurs dissolutions salines entre elles; en général les dissolutions de sels alcalins sont précipitées en cristaux par la lessive de potasse ou la soude caustique, pourvu que cette lessive soit assez concentrée pour cela.

§. III.

De la fusibilité des sels ou de l'action du feu sur ces corps.

23. Quoique le titre de ce paragraphe porte qu'il s'agit de la fusibilité, il faut y comprendre tous les effets que les sels peuvent éprouver par l'action du feu ; il y a dans cette action une suite de phénomènes différens les uns des autres, et qui sont souvent indépendans de la fusibilité ; d'ailleurs la fusion qu'éprouvent les matières salines n'est souvent qu'un des effets qui précède ou qui accompagne d'autres altérations que fait naître l'accumulation du calorique dans ces matières. En généralisant l'ensemble de ces altérations dont ces sels sont susceptibles par le feu, je trouve qu'elles peuvent être rapportées à six sortes, auxquelles appartiennent toutes les substances salines, 1°. la fusion aqueuse ; 2°. la fusion ignée ; 3°. la décrépitation ; 4°. la volatilisation simple ; 5°. la volatilisation avec altération ; 6°. la décomposition. Parcourons rapidement chacune de ces actions et voyons ce qu'elle contient d'utile à savoir relativement à l'histoire de ces substances.

24. On nomme fusion aqueuse une liquéfaction due à l'eau qui entre dans la cristallisation des sels. Lorsque cette eau est abondante, qu'elle va par exemple du tiers à la moitié du poids du sel, et que celui-ci est en même temps bien soluble, en chauffant ce sel en cristaux, son eau élevée en température le dissout et offre une liqueur saline très-épaisse. Cette fusion n'est véritablement qu'une dissolution à chaud ; aussi quand on laisse refroidir le sel qui l'éprouve, il repasse à l'état solide et même cristallisé. Aussi quand on continue à chauffer un sel ainsi fondu, son dissolvant ou son eau de cristallisation devenue son eau de dissolution se volatilise, l'abandonne, et le sel se dessèche. On a vu cet effet dans les sulfates de soude,

de magnésie, triple d'alumine, etc. Si l'on pousse l'action du feu jusqu'à enlever toute l'eau de cristallisation en continuant à le chauffer après sa fusion aqueuse, et si on le dessèche, on dit qu'alors on en opère la calcination. Autrefois on nommait cela brûler un sel; telle était l'acception des mots *alun brûlé*. Ainsi l'effet de la fusion aqueuse est une véritable dissolution dans l'eau bouillante.

25. On désigne par le nom de fusion ignée celle que les sels éprouvent indépendamment de leur eau de cristallisation, soit qu'elle ait lieu à la suite de la fusion aqueuse et qu'elle lui succède, soit qu'elle se passe sans que cette fusion ait lieu. Le premier cas détermine bien la différence qui existe entre les deux fusions. Le second existe lorsqu'en tenant fondu le sel qui l'éprouve, on reconnaît qu'il ne se dessèche pas, qu'il reste constamment liquide. On croit que les sels susceptibles de cette fusion ignée sans l'être auparavant de la fusion aqueuse, ne contiennent que peu d'eau de cristallisation, ou sont beaucoup plus adhérens à celle qu'ils contiennent que les premiers. On voit que ne pouvant plus la perdre ni être desséchés, on ne peut pas dire d'eux qu'ils sont calcinables. Il est telle matière saline qui est si fusible dans ce genre, qu'elle peut même servir de fondant. Les phosphates, les borates appartiennent spécialement à cette classe. D'autres sont très-difficiles à fondre; mais quoique quelques-uns le soient tant qu'on les a crus autrefois infusibles, on est aujourd'hui persuadé qu'il n'est point de sel qui jouisse d'une parfaite infusibilité, et qu'on ne puisse parvenir à fondre, à l'aide d'un feu suffisant.

26. Je range la décrépitation parmi les phénomènes que les sels sont susceptibles d'éprouver par l'action du feu, parce qu'en effet il en est un assez grand nombre chez lesquels elle a lieu. Le nom qu'elle porte est tiré du bruit que fait le sel lorsqu'il est exposé à une chaleur brusque, soit qu'on le jette sur des charbons ardens, soit qu'on le fasse fortement

et rapidement chauffer dans un creuset. Ce bruit est dû à l'écartement des molécules salines et à la manière dont elles frappent l'air dans lequel elles sont projetées; le brisement éclatant du sel provient de la volatilisation rapide de l'eau insuffisante pour le fondre, qui s'en sépare sous la forme de vapeur, et qui occupe tout-à-coup un espace beaucoup plus considérable que celui qu'elle occupait d'abord entre les molécules salines qui la recélaient. Il est évident qu'un sel décrépité ou privé de l'eau de sa cristallisation est dans la même condition absolument que celui qui a été desséché après sa fusion aqueuse. On trouve ce phénomène très-marqué dans les sulfates de barite, de chaux, de strontiane, de potasse; les nitrates de barite et de strontiane, les muriates de potasse, de soude, etc.

27. La volatilisation simple et sans que le sel éprouve d'altération intime, suppose une attraction assez forte entre ses composans pour n'être pas détruite par le calorique, et en même temps une tendance pour se combiner avec eux, qui leur permette de prendre la forme gazeuse sans se séparer l'un de l'autre. Il n'y a que très-peu de matières salines qui jouissent de cette double propriété, et quoiqu'il soit vrai de dire qu'à une haute température presqu'aucune d'elles n'échappe à la volatilisation, on n'en trouvera que le très petit nombre susceptible de s'élever en vapeur et de conserver en même temps la proportion exacte et l'adhérence complète de leurs principes. Le muriate et le carbonate d'ammoniaque sont ceux auxquels on attribue ordinairement cette volatilité simple ou accompagnée de leur conservation et de leur intégrité dans le degré le plus marqué. Encore plusieurs chimistes ont-ils remarqué qu'en sublimant l'un et l'autre, il s'exhalait une odeur d'ammoniaque qui semblait annoncer la décomposition partielle de ces deux sels ammoniacaux.

28. Il est bien plus fréquent en effet que l'action du feu sur les matières salines volatiles et plus particulièrement sur les

sels ammoniacaux, puisque c'est parmi eux qu'on trouve les plus et peut-être même les seuls entièrement volatiles, ne se borne pas à leur simple sublimation, ou qu'au moins au moment où elle l'opère, elle commence à diminuer l'attraction de leurs principes et à opérer leur désunion. Cela a lieu lorsque l'ammoniaque est unie à un acide plus fixe et moins décomposable qu'elle, et alors le sel sublimé se trouve être avec excès d'acide ou vraiment acidule. C'est ainsi que se comporte spécialement le sulfate ammoniacal, et peut être faut-il rapprocher de lui le muriate d'ammoniaque lui-même qui paraît éprouver quelque altération analogue de la part du feu.

29. Beaucoup de sels éprouvent une décomposition plus ou moins complète par l'action du calorique accumulé en une quantité plus ou moins grande. En comparant tout ce qui arrive dans ce genre d'action à toutes les matières salines connues, on trouve quatre genres de décomposition bien prononcée auxquels peuvent être rapportés les effets quelconques que le feu produit sur ces matières.

a. Quelquefois l'acide se dégage et quitte la combinaison saline, de manière à pouvoir être recueilli dans un récipient et à laisser la base seule; pour cela il faut que d'une part l'acide soit volatil et non décomposable par la chaleur; il faut de plus que son attraction pour la base soit assez faible pour céder facilement à l'action du feu. C'est ainsi que se comportent le sulfate, le muriate et le carbonate de zircone, les muriates de magnésie, de zircone, d'alumine, les carbonates de chaux, de magnésie, de glucine, de zircone, et même ceux de chaux et de soude.

b. Quelques sels sont décomposés par le feu dans un ordre opposé aux précédens. C'est la base qui se dégage des acides parce qu'elle est volatile et peu adhérente à ces derniers. C'est à ce genre de décomposition qu'il faut rapporter ce qui arrive à ceux des sels ammoniacaux qui perdent leur ammoniaque, qui laissent leur acide isolé par l'effet d'une haute température; tels sont entre autres le phosphate d'ammoniaque et le borate d'ammoniaque. On voit que cela va plus loin que le dégagement partiel et la formation d'un acidule.

c. Il est des sels plus profondément altérables par l'action du feu, parce que leur acide est susceptible de décomposition et de se réduire en tout ou en partie à ses élémens; tels sont tous les nitrates, les muriates suroxigénés, les sulfites, les phosphites. Les premiers, chauffés plus ou moins fortement, donnent, comme on l'a vu ailleurs, du gaz oxigène et du gaz azote, et se réduisent ainsi à leurs bases pures. Les seconds perdent leur oxigène et redeviennent des muriates; ceux du troisième et du quatrième genre perdent le soufre ou le phosphore qu'ils contiennent en excès, et repassent par là à l'état de sulfates ou de phosphates.

d. Enfin il en est qui sont encore plus intimement et plus complétement altérés que les précédens par l'action du calorique; ce sont ceux dont l'acide et la base se décomposent tout-à-la-fois et réciproquement; ceux-ci sont à la vérité beaucoup plus rares; car on ne connaît guères encore dans cet ordre que le nitrate ammoniacal; mais il y a lieu de croire qu'en étudiant avec plus de soin les diverses matières salines encore peu connues, il s'en présentera quelque jour plusieurs espèces qui appartiennent à ce genre d'altération ignée.

§. IV.

De l'action de l'air sur les sels.

30. Tous les sels cristallisés exposés à l'air ne s'altèrent point de la même manière. Il en est qui n'y éprouvent aucun changement sensible; mais plusieurs perdent plus ou moins promptement leur transparence, leur forme, et parmi ceux-là les uns se fondent peu à peu en augmentant de poids,

les autres deviennent pulvérulens en perdant une portion de leur masse. La première de ces altérations a reçu le nom de déliquescence, et la seconde celui d'efflorescence.

31. On a appelé l'un de ces phénomènes déliquescence, parce que la matière saline qui l'éprouve devient liquide; on disait aussi autrefois qu'un sel tombait en *deliquium* lorsqu'il se fondait ainsi par le contact de l'air. Le mot *défaillance* était alors synonyme de déliquescence, mais cette expression a vieilli, et on ne la trouve presque plus aujourd'hui dans les livres de chimie. Cette altération dépend de ce que les sels attirent l'humidité contenue dans l'air, et j'ai cru devoir la regarder comme l'effet d'une vraie attraction élective, plus forte entre le sel et l'eau qu'entre cette dernière et l'air atmosphérique. La déliquescence n'est pas la même dans tous les sels, soit pour la rapidité avec laquelle elle a lieu, soit pour l'espèce de saturation qui la borne; il en est, comme les nitrates et muriates de chaux et de magnésie, qui enlèvent l'eau de l'atmosphère, dessèchent pour ainsi dire l'air, avec une énergie très-considérable, et absorbent une quantité de ce liquide plus grande que leur propre poids. Quelques autres sont encore très-déliquescens, mais n'attirent pas l'humidité avec autant de promptitude, et en aussi grande quantité que les précédens; enfin il y en a qui ne font que s'humecter sensiblement, et qui ne se fondent point complétement, comme le nitrate de soude, le muriate de potasse, le sulfate ammoniacal, etc.

32. L'efflorescence a été ainsi nommée, parce que les sels qui en sont susceptibles semblent se couvrir de petits filets blancs semblables aux matières sublimées qu'on a connues en chimie sous le nom de *fleurs*. Cette propriété est l'inverse de la déliquescence; dans celle-ci les cristaux salins décomposent l'atmosphère humide, parce qu'ils ont une attraction élective plus forte pour l'eau que l'air atmosphérique; dans l'efflorescence, au contraire, c'est l'atmosphère qui décompose les cristaux salins, parce que l'air a plus d'affinité avec l'eau que

n'en ont les sels qui forment ces cristaux. C'est donc l'eau de leur cristallisation qui est enlevée par l'efflorescence, et telle est la cause pour laquelle les sels qui s'effleurissent perdent leur transparence, leur forme et une partie de leur masse. Il est essentiel d'observer que tous les cristaux salins efflorescens éprouvent de la part de l'air une altération semblable à celle que la chaleur leur fait subir ; c'est une sorte de calcination lente et froide qui décompose les sels cristallisés, et qui en sépare l'eau à laquelle ils doivent leur forme cristalline, ainsi que toutes les propriétés qui les caractérisaient *cristaux salins;* aussi un sel complétement effleuri éprouve-t-il exactement la même perte de poids dans cette opération que lorsqu'on le dessèche par l'action du feu. Remarquons encore que les sels efflorescens appartiennent à la classe des plus dissolubles, et de ceux qui se cristallisent par le refroidissement de leurs dissolutions.

33. Il en est de l'efflorescence comme de la déliquescence ; elle n'est pas la même pour tous les sels neutres dans lesquels on l'observe. Il en est, comme le sulfate et le carbonate de soude, qui s'effleurissent promptement, et jusqu'à la dernière parcelle cristalline, de sorte qu'ils se trouvent réduits en une poussière blanche très-fine ; comme ils ont perdu plus de la moitié de leur poids par cette décomposition de leurs cristaux, on peut en conclure que c'est en raison de la grande quantité qui entre dans leur cristallisation, qu'ils éprouvent une efflorescence aussi complète ; et en effet les sels qui ne s'effleurissent que très-peu, tels que le borax, l'alun et le sulfate de magnésie, ne contiennent point une aussi grande quantité de ce fluide dans leurs cristaux. Si l'efflorescence dépend d'une attraction élective plus forte entre l'air et l'eau qu'entre cette dernière et les sels, lorsque l'atmosphère sera très-sèche, ce phénomène aura lieu d'une manière plus marquée et plus prompte ; et c'est aussi ce que l'on observe, tandis que l'air chargé d'humidité n'a pas la même action sur les sels efflo-

rescens, et les laisse intacts. On peut encore confirmer cette assertion en répandant une petite quantité d'eau sur les cristaux salins susceptibles d'efflorescence ; par ce moyen l'atmosphère enlevant cette eau, et s'en saturant, ne touche point à celle qui entre dans la constitution des cristaux, et ceux-ci restent sans altération ; mais si l'on n'a pas soin de renouveller ce fluide, l'air agit alors sur le sel cristallisé et en détruit la cristallisation. On observe journellement ce phénomène dans la pharmacie, où l'on a soin d'humecter les cristaux de sulfate de soude d'une petite quantité d'eau, afin de les conserver dans leur belle forme et leur intégrité.

§. V.

De la dissolubilité des sels ou de leurs rapports avec l'eau.

34. La dissolution des sels dans l'eau, ou la manière dont ces corps se dissolvent dans ce liquide, la quantité relative qu'ils en demandent pour se dissoudre, les phénomènes qui ont lieu pendant cette dissolution méritent la plus sérieuse attention de la part des chimistes, et ils l'ont obtenue ; car c'est une des choses qu'on étudie le plus et qu'on observe avec le plus de soin et d'exactitude dans les laboratoires. Comme elle s'opère, c'est-à-dire comme les sels se fondent, se liquéfient sans mouvement, sans agitation, sans bulles, tandis qu'il y a beaucoup de corps qui en partageant la liquidité des acides, etc., excitent beaucoup de mouvement et donnent lieu au dégagement de beaucoup de bulles de fluides élastiques dans ce qu'on appelle effervescence ; quelques chimistes ont proposé de distinguer l'une et l'autre de ces dissolutions ; de nommer la première, celle des matières salines qui n'est réellement qu'un écartement de molécules opérée par l'eau, *solution.* Mais la différence peu sensible des deux expressions n'a point été admise par la majorité des chimistes. Il est toujours im-

portant de noter ici que la différence qui existe entre les deux phénomènes consiste dans ce qu'un sel qui se dissout dans l'eau ne change pas plus de nature que l'eau elle-même, tandis que lorsqu'un métal se dissout dans un acide, l'un et l'autre de ces deux corps change de nature avant de s'unir.

35. Quoiqu'il n'y ait pas de véritable changement de nature entre les sels et l'eau qui s'unissent dans la dissolution, il ne faut pas cependant regarder cet effet comme un simple phénomène physique, comme une pure division mécanique de parties. Il y a pénétration intime de molécules; leur rapport de distance et d'attraction est tout-à-coup modifiée; elles perdent ou absorbent du calorique; le plus souvent ce principe s'en dégage, et la densité des matières augmente ou est plus forte que la moyenne qui pourrait résulter des deux densités connues. Il y d'ailleurs une forme, une attraction chimique entre les molécules du sel et les molécules de l'eau, puisqu'on ne peut les séparer que par des moyens chimiques, puisqu'une attraction plus forte de quelques autres corps pour l'eau, comme l'alcool, etc., les sépare, et puisque toutes les modifications d'adhérence qui peuvent être entre les particules salines et les particules de l'eau sont les causes de beaucoup d'autres modifications dans les formes que les sels sont susceptibles de prendre; car telle est souvent la source des variétés de figures observées dans les cristaux salins, dues à des décroissemens variés sur les bords et les angles et à un arrangement de molécules manifestement dépendant des attractions.

36. On a vu dans le detail des espèces salines que chacune d'elles jouissait d'un degré de dissolubilité déterminé, c'est-à-dire que pour liquéfier ou dissoudre chacune il fallait employer des quantités d'eau variées et différentes. On a vu encore que presque toujours ce degré de dissolubilité variait suivant la température de l'eau, et qu'en général elle s'élevait avec l'augmentation de cette propriété. Déja cette proportion entre le sel et l'eau a été déterminée pour un assez grand nombre de ma-

tières salines. Il s'en faut de beaucoup cependant que ce travail soit complet, et l'on peut dire qu'il n'y a pas même encore un tiers des sels fabriqués dans nos laboratoires qui soient exactement connus dans leur dissolubilité. Le genre de recherches nécessaires pour obtenir cette détermination est simple et assez facile; et cependant il est encore une foule de dissolubilités qu'on a ou mal appréciées ou non appréciées du tout. Il ne sera pas moins important dans la continuation de ce travail de déterminer le changement de température ou le dégagement de calorique qui a lieu dans chaque dissolution, ainsi que la pesanteur spécifique donnée à l'eau par une quantité diverse du même sel. Il faudra dresser des tables de ces différens états; elles deviendront très-utiles pour les chimistes comme pour les manufacturiers.

37. En comparant les principaux genres de dissolubilité connue dans les sels, on peut remarquer que les uns ne se dissolvent pas dans plusieurs milliers de fois leur poids d'eau; on les regarde communément comme *indissolubles;* que les autres exigent plusieurs centaines de fois leur poids d'eau; on les dit *difficiles* à dissoudre ou peu *dissolubles;* que plusieurs n'en demandent que vingt, à trente ou quarante fois leur poids; ce sont les sels *dissolubles moyennement;* enfin qu'un assez grand nombre se dissolvent dans quatre à six parties d'eau; ceux-là sont *bien dissolubles;* et que quelques-uns se fondent dans leur poids, moins que leur poids et même moitié de leur poids d'*eau;* ce sont les plus *dissolubles.* Toutes ces denominations et les phénomènes qu'elles représentent s'appliquent en général à l'eau portée à la température moyenne dans nos climats; c'est-à-dire à 12,5. degrés du thermomètre centigrade.

38. On peut suivre une même série générale de dissolubilité variée par rapport à la chaleur de l'eau, pour les sels qui sont plus dissolubles à chaud qu'à froid. Il en est chez lesquels cette différence est à peine sensible; d'autres où elle croit dans une proportion très-rapide, où elle double, par

exemple; il en est enfin quelques-uns qui sont incomparablement plus dissolubles à chaud qu'à froid, de sorte qu'il y a, par exemple, un rapport aussi grand que de six à un pour leur plus grande dissolution dans l'eau chaude que dans l'eau froide. Il n'y a pas lieu de douter que des expériences faites avec précision sur un grand nombre de ces différences qui ne sont pas connues, seront d'une utilité réelle pour la science, et conduiront même à des vérités qu'il n'est pas permis de soupçonner encore.

ARTICLE XIV.

Tableau des sels disposés d'après leurs attractions, et distingués par des caractères spécifiques.

1. Quelque méthodique que j'aie tâché de rendre l'histoire des sels, au milieu des longs détails qui la constituent, on a pu perdre la continuité du fil qui m'a dirigé dans leur classification et leur disposition. Pour rendre plus marquée et plus saillante cette méthode, que je regarde comme la seule manière d'etudier désormais et de pouvoir retenir les propriétés des matières salines aujourd'hui si nombreuses et qui le deviendront encore davantage, je crois necessaire de retracer leur arrangement méthodique dans un cadre plus petit, et d'ajouter à chaque espèce en particulier quelques-unes des propriétés qui peuvent servir à la distinguer de toutes les autres. C'est un essai de la marche et des descriptions de Linné, appliquées à une des parties de la chimie qui parait à la vérité en être le plus susceptible et en avoir en même temps le plus besoin.

2. Il faut remarquer, pour bien concevoir les détails qui

vont suivre, que je n'ai pris pour caractères génériques qu'une ou deux propriétés parmi les plus saillantes et les plus prononcées, que cette où ces propriétés se retrouvant dans toutes les espèces du genre, il ne faut pas oublier qu'elles peuvent devenir par rapport aux espèces d'un autre genre des caractères spécifiques ou distinctifs, que ceux qui sont placés dans l'exposé de chaque espèce, supposent toujours la notion préliminaire du caractère générique et ne doivent servir à la rigueur que pour distinguer entre elles les espèces de ce genre; que c'est pour cela que plusieurs fois les espèces qui se correspondent par l'identité des bases dans des genres, ont des caractères analogues, tirés des propriétés de ces bases qui ne peuvent alors servir à distinguer ces espèces entre elles que par leurs caractères génériques. Il est très-rare qu'une espèce présente une propriété chimique qui lui appartienne exclusivement.

3. Je ferai observer, à cette occasion, que la méthode des descriptions linnéenes, si utiles à l'étude de l'histoire naturelle par leur précision, leur clarté, les *caractères prononcés* et saillans qu'elles présentent quand elles sont bien faites, est tellement importante dans son application à la chimie, que cette science doit en attendre un perfectionnement bien desirable dans son étude. Quelques auteurs modernes ont déja essayé ce langage linnéen, ce laconisme descriptif dans l'anatomie; mais aucun chimiste n'a encore fait un pareil essai ni pour la théorie, ni pour la pratique de la science chimique. Celui que je vais offrir ici pourra faire concevoir les avantages qu'il y á lieu d'espérer de ce mode de décrire les propriétés qui tiennent à la nature et aux attractions intimes des principes des corps.

4. ———— GENRE I.

Sulfates.

Caractères génériques. Donnant des sulfures quand on les fait rougir avec le charbon ; abondamment précipitables par la dissolution de barite.

ESPÈCE 1.

Sulfate de barite.

Caractères spécifiques. Très-pesant, insipide, indissoluble ; fréquent dans la nature ; indécomposable par les acides et les alcalis simples ; le plus permanent des sels ; vénéneux.

ESPÈCE 2.

Sulfate de potasse.

C. S. Amer, soluble, donnant du nitrate de potasse avec l'acide nitrique, et du sulfate de chaux avec le nitrate et le muriate calcaires ; purgatif ; imitant la porcelaine après sa fusion.

ESPÈCE 3.

Sulfate acide de potasse.

C. S. Aigre, très-fusible, perdant son acide par un grand feu.

ESPÈCE 4.

Sulfate de soude.

C. S. Saveur fraîche et amère ; s'effleurissant à l'air ; ne précipitant ni par l'ammoniaque ni par la chaux ; purgatif fondant.

Espèce 5.

Sulfate de strontiane.

C. S. Pesant, insipide, indissoluble ; souvent fossile avec le sulfate de barite ; en différant par la couleur pourpre qu'il donne à la flamme du chalumeau, par la décomposition qu'en opèrent les alcalis fixes, et parce qu'il n'est pas vénéneux.

Espèce 6.

Sulfate de chaux.

C. S. Insipide, fréquent dans la terre et dans les eaux qu'il rend dures ; bien cristallisé par la nature ; peu soluble ; précipitant par l'acide oxalique et par la barite ; formant le plâtre par la calcination.

Espèce 7.

Sulfate d'ammoniaque.

C. S. Acre, amer, cristallisable, volatil ; devenant acidule par le feu ; dégageant l'ammoniaque par la chaux.

Espèce 8.

Sulfate de magnésie.

C. S. Très-amer, très-cristallisable ; précipitant par la chaux ; à moitié par l'ammoniaque ; point du tout par les carbonates de potasse et d'ammoniaque ; purgatif.

Espèce 9.

Sulfate ammoniaco-magnésien.

C. S. Moins dissoluble que les deux précédens ; se cristallisant plus vîte ; donnant par les alcalis fixes un précipité magnésien et de l'ammoniaque volatilisée.

ESPÈCE 10.

Sulfate de glucine.

C. S. Douceâtre et sucré ; précipitable par la barite, par tous les alcalis dont l'excès redissout le précipité ; celui-ci bien dissoluble dans le carbonate d'ammoniaque.

ESPÈCE 11.

Sulfate d'alumine, saturé ou acide.

C. S. Saveur styptique ; non cristallisable, formant gelée ; précipitable par la potasse et la soude dont l'excès redissout la terre.

ESPÈCE 12.

Sulfate acide d'alumine et de potasse.

C. S. Saveur styptique, forme octaédrique ; donnant du pyrophore, lorsqu'on le calcine avec les matières végétales ; astringent.

ESPÈCE 13.

Sulfate saturé d'alumine triple.

C. S. Indissoluble, insipide, terreux, ou cristallisé en cubes ; montrant des traces de potasse et d'ammoniaque comme le précédent, et ne donnant pas de pyrophore.

ESPÈCE 14.

Sulfate de zircone.

C. S. Pulvérulent ou en petites aiguilles ; friable, insipide, décomposable par la chaleur de l'eau bouillante qui en précipite la base ; indissoluble si ce n'est à l'aide de l'acide sulfurique.

5. ——————— GENRE II.

Sulfites.

Caractères génériques. Donnant du soufre et devenant sulfates au feu ; exhalant avec efflorescence et pétillement l'odeur de soufre, brûlant par le contact des acides sulfurique, nitrique, muriatique, etc. ; se changeant en sulfates par une longue exposition à l'air quand ils sont secs, et très-promptement quand ils sont en dissolution.

ESPÈCE 15.

Sulfite de barite.

C. S. Pulvérulent, aiguillé ou tétraèdre ; très-pesant ; peu sapide ; indissoluble, excepté dans un excès d'acide sulfureux.

ESPÈCE 16.

Sulfite de chaux.

C. S. Pulvérulent, ou en prismes à six pans avec des pyramides à six faces très-allongées ; peu sapide ; long-temps conservable à l'air sous sa forme sèche ; peu dissoluble, moins que le sulfate de chaux.

ESPÈCE 17.

Sulfite de potasse.

C. S. En aiguilles rayonnées ou lames rhomboïdales ; saveur piquante sulfureuse ; décrépitant au feu ; efflorescent ; sa dissolution absorbant promptement le gaz oxigène, et formant une pellicule de sulfate à l'air ; très-dissoluble ; décomposant les sulfates dissolubles.

ESPÈCE 18.

Sulfite de soude.

C. S. Prismes à quatre pans, sommets dièdres; saveur fraîche, sulfureuse; fusion aqueuse; efflorescent ou dissoluble; cristallisé par le refroidissement; le plus chargé d'eau de cristallisation.

ESPÈCE 19.

Sulfite de strontiane.

C. S. Inconnu.

ESPÈCE 20.

Sulfite d'ammoniaque.

C. S. Prismatique; saveur fraîche et piquante; devenant acide par la sublimation; déliquescent; le plus promptement changé en sulfate par l'air.

ESPÈCE 21.

Sulfite de magnésie.

C. S. Forme de tétraèdres surbaissés; se ramollissant en mucilage au feu; se boursoufflant beaucoup par la calcination, perdant par le feu son acide sulfureux tout entier, et laissant la magnésie pure.

ESPÈCE 22.

Sulfite ammoniaco-magnésien.

C. S. Cristallisable; donnant au feu du sulfite acide d'ammoniaque sublimé, de l'acide sulfureux, et laissant de la magnésie calcinée.

ESPÈCE 23.

Sulfite de glucine.

C. S. Inconnu.

ESPÈCE 24.

Sulfite d'alumine.

C. S. Poudre blanche onctueuse ; pétillant avec l'eau ; peu dissoluble même dans un excès de son acide ; sa dissolution acide donnant cependant à l'air une pellicule tenace et ductile de sulfate.

ESPÈCE 25.

Sulfite de zircone.

C. S. Inconnu.

6. ———— GENRE III.

Nitrates.

Caractères génériques. Donnant du gaz oxigène impur et mêlé d'azote par l'action du feu qui les réduit à leurs bases ; répandant une vapeur blanche par l'acide sulfurique concentré ; enflammant tous les corps combustibles à une température rouge.

ESPÈCE 26.

Nitrate de barite.

C. S. Cristallisable en octaèdres ; très-dissoluble ; le seul corps qui donne la barite pure par une forte calcination ; le seul nitrate qui précipite abondamment et forme un dépôt insoluble par l'acide sulfurique ; vénéneux.

ESPÈCE 27.

Nitrate de potasse.

C. S. Prismatique; d'une saveur fraîche; inaltérable à l'air; très-fusible; se refroidissant beaucoup avec l'eau; donnant un précipité salin et cristallisé par l'acide oxalique.

ESPÈCE 28.

Nitrate de soude.

C. S. Rhomboïdal; un peu déliquescent à l'air; ne donnant pas de dépot cristallisé par l'acide oxalique.

ESPÈCE 29.

Nitrate de strontiane.

C. S. Se cristallisant comme le nitrate de barite; donnant sa base très-pure par la calcination; rougissant la flamme du chalumeau, des bougies, de l'alcool; précipitable par les alcalis fixes; non vénéneux.

ESPÈCE 30.

Nitrate de chaux.

C. S. Très-déliquescent; très-âcre; précipitable par l'acide sulfurique et par l'acide oxalique; décomposant les sulfates de potasse, de soude, d'ammoniaque.

ESPÈCE 31.

Nitrate d'ammoniaque.

C. S. Acre, amer, brillant, satiné, déliquescent; s'enflammant seul dans des vaisseaux fermés, et donnant de l'eau pour produit avec une portion d'acide nitrique non décomposé.

Espèce 32.

Nitrate de magnésie.

C. S. Se cristallisant difficilement ; ne donnant pas de précipité par le carbonate de potasse saturé ; se déposant promptement en cristaux triples de sa dissolution quand on y ajoute celle du nitrate d'ammoniaque.

Espèce 33.

Nitrate ammoniaco-magnésien.

C. S. Très-cristallisable ; précipitant sa magnésie par l'alcali fixe, et dégageant de l'ammoniaque en même temps.

Espèce 34.

Nitrate de glucine.

C. S. Saveur douceâtre et sucrée, mêlée d'un peu d'âpreté ; précipitable par toutes les bases, excepté l'alumine et la zircone ; formant, par l'ammoniaque, un précipité que le carbonate d'ammoniaque redissout.

Espèce 35.

Nitrate d'alumine.

C. S. Non cristallisable ; saveur styptique ; forme de gelée ; donnant, par l'ammoniaque, un précipité que les alcalis fixes redissolvent.

Espèce 36.

Nitrate de zircone.

C. S. Inconnu.

7. ———— GENRE IV.

Nitrites.

Caractères génériques. Obtenus en chauffant et décomposant à moitié les nitrates par le feu ; répandant une vapeur orangée d'acide nitreux par l'acide sulfurique, et même par l'acide nitrique.

ESPÈCE 37. *Nitrite de barite.*

38. *Nitrite de potasse.*

39. *Nitrite de soude.*

40. *Nitrite de strontiane.*

41. *Nitrite de chaux.*

42. *Nitrite d'ammoniaque.*

43. *Nitrite de magnésie.*

44. *Nitrite ammoniaco-magnésien.*

45. *Nitrite de glucine.*

46. *Nitrite d'alumine.*

47. *Nitrite de zircone.*

Trop peu connus encore comme espèces, pour qu'il me soit permis d'en donner des caractères spécifiques ; mais on sent bien que pour déterminer chaque espèce, une fois son genre reconnu, la seule action du feu qui laisserait sa base pure et isolée, suffirait à ce genre de recherches.

8. ———————— GENRE V.

Muriates.

Caractères génériques. Donnant, par l'acide sulfurique concentré, une vapeur blanche d'acide muriatique, qui se dégage avec pétillement et effervescence ; donnant par l'acide nitrique du gaz acide muriatique oxigéné ; les plus volatils et les moins décomposables des sels par le feu.

ESPÈCE 48.

Muriate de barite.

C. S. Donnant de larges et belles tables cristallines à biseaux ; répandant une vapeur épaisse et formant tout à-la-fois un lourd et abondant précipité par l'acide sulfurique ; extrêmement fondant et vénéneux.

ESPÈCE 49.

Muriate de potasse.

C. S. Forme cubique ; saveur amère et salée ; formant un précipité cristallin par l'acide oxalique ; purgatif et fébrifuge.

ESPÈCE 50.

Muriate de soude.

C. S. Forme cubique ; saveur salée agréable ; c'est le seul qui la présente dans la nombreuse tribu des sels ; décrépitant au feu ; ne donnant pas de cristaux précipités par l'acide oxalique ; assaisonnement naturel des alimens de l'homme et de beaucoup d'animaux.

Espèce 51.

Muriate de strontiane.

C. S. Forme semblable à celle du muriate de barite ; en différant par la précipitation qu'en opèrent les alcalis, par la couleur pourpre qu'il donne aux flammes, et parce qu'il n'est pas vénéneux.

Espèce 52.

Muriate de chaux.

C. S. Cristallisable en masse avec beaucoup de chaleur ; très-déliquescent, très-âcre ; précipitant abondamment par les acides sulfurique et oxalique ; décomposant les sulfates de potasse et de soude par attractions doubles nécessaires ; très-fondant, très-purgatif.

Espèce 53.

Muriate d'ammoniaque.

C. S. Volatil, sublimable ; donnant l'ammoniaque en vapeur par la barite, la strontiane, la chaux, la potasse et la soude ; produisant beaucoup de froid avec l'eau ; tonique, fondant, excitant, fébrifuge.

Espèce 54.

Muriate de magnésie.

C. S. Se cristallisant difficilement ; ne précipitant pas par les carbonates alcalins saturés à froid ; donnant par l'ammoniaque un précipité insoluble dans les alcalis caustiques.

Espèce 55.

Muriate ammoniaco-magnésien.

C. S. Bien cristallisable ; donnant tout à-la-fois et un précipité insoluble par les alcalis fixes, et une vapeur ammoniacale très-forte.

Espèce 56.

Muriate de glucine.

C. S. Saveur douce, sucrée, légèrement astringente; précipité par les alcalis soluble dans le carbonate d'ammoniaque, et reparaissant par l'action de la chaleur.

Espèce 57.

Muriate d'alumine.

C. S. Non cristallisable; gélatiniforme; d'une saveur austère; décomposable par un grand feu; formant un précipité bien dissolube dans un excès d'alcali fixe.

Espèce 58.

Muriate de zircone.

C. S. Forme aiguillée; saveur austère; donnant facilement son acide par le feu; déliquescent; très-dissoluble; se précipitant en sulfate ou phosphate de zircone par les acides sulfurique ou phosphorique.

Espèce 59.

Muriate de silice.

C. S. Permanent seulement sous la forme liquide et à la température froide; décomposable par la chaleur qui en précipite la silice en poussière blanche; prenant souvent à froid la forme de gelée.

9. ———— GENRE VI.

Muriates suroxigénés.

Caractères génériques. Donnant du gaz oxigène très-pur par l'action du feu et repassant à l'état de muriates ; les acides puissans en chassent avec bruit ou explosion l'acide muriatique suroxigéné ; enflammant même spontanément et avec fulguration les corps combustibles.

ESPÈCE 60.

Muriate suroxigéné de barite.

C. S. Inconnu.

ESPÈCE 61.

Muriate suroxigéné de potasse.

C. S. Forme de rhomboïde obtus ; très-transparent ; très-fragile ; pétillant et phosphorique par le frottement ; enflammant fortement le charbon allumé sur lequel on le place ; laissant du muriate de potasse après l'action du feu.

ESPÈCE 62.

Muriate suroxigéné de soude.

C. S. Prismatique ; allumant moins les charbons que le précédent ; moins fixe ; laissant, après la calcination, du muriate de soude pur.

ESPÈCE 63.

Muriate suroxigéné de strontiane.

C. S. Inconnu.

Espèce 64.

Muriate suroxigéné de chaux.

C. S. Styptique douceâtre ; peu durable.

Espèce 65.

Muriate suroxigéné de magnésie.

C. S. Inconnu.

Espèce 66.

Muriate suroxigéné de glucine.

C. S. Inconnu.

Espèce 67.

Muriate suroxigéné d'alumine.

C. S. Inconnu.

Espèce 68.

Muriate suroxigéné de zircone.

C. S. Inconnu.

10. ——— GENRE VII.

Phosphates.

Caractères génériques. Ne donnant point de phosphore quand on les chauffe avec le charbon ; fusibles en verres opaques ou transparens ; phosphorescens à une haute température ; solubles dans l'acide nitrique sans effervescence ; précipitables de cette dissolution par l'eau de chaux.

ESPÈCE 69.

Phosphate de barite.

C. S. Peu soluble ; pulvérulent ; insipide.

ESPÈCE 70.

Phosphate de chaux.

C. S. Indissoluble, insipide ; formant une sorte de porcelaine à un grand feu ; existant dans la nature sous des formes pierreuse, cristalline et gemme ; dissoluble dans l'acide phosphorique ; passant à l'état d'acidule par les autres acides.

ESPÈCE 71.

Phosphate acidule de chaux.

C. S. Saveur aigre ; forme d'écailles nacrées ; dissoluble ; non décomposable par les acides.

ESPÈCE 72.

Phosphate de strontiane.

C. S. Indissoluble ; rougissant la flamme du chalumeau ; décomposable par la chaux et la barite.

ESPÈCE 73.

Phosphate de potasse.

C. S. Non cristallisable ; déliquescent ; donnant, avec l'eau de chaux, un précipité dissoluble dans les acides sans effervescence.

Espèce 74.

Phosphate de soude.

C. S. Bien cristallisable ; efflorescent ; très-fusible au chalumeau ; donnant un verre opaque par le refroidissement ; donnant le même précipité que le précédent par l'eau de chaux ; prenant facilement un excès de soude ; purgatif.

Espèce 75.

Phosphate d'ammoniaque.

C. S. Cristallisable ; décomposable par le feu, qui le fond en un verre acide et transparent ; donnant du phosphore par le charbon.

Espèce 76.

Phosphate de soude et d'ammoniaque.

C. S. Existant dans les humeurs animales ; très-cristallisable ; donnant tout à-la-fois un précipité insoluble et une vapeur ammoniacale par la chaux.

Espèce 77.

Phosphate de magnésie.

C. S. Cristallisable ; d'une saveur douceâtre ; peu dissoluble ; s'unissant, quoique bien neutre et saturé, à l'ammoniaque en une espèce de sel triple ; existant dans l'urine humaine.

Espèce 78.

Phosphate ammoniaco-magnésien.

C. S. Peu soluble ; peu sapide ; souvent déposé en couches

spathiques blanches dans les calculs vésicaux humains; donnant une vapeur ammoniacale et de la magnésie libre par le contact des alcalis caustiques.

ESPÈCE 79.

Phosphate de glucine.

C. S. Douceâtre; donnant par la chaux un précipité soluble dans le carbonate d'ammoniaque.

ESPÈCE 80.

Phosphate d'alumine.

C. S. Epais, gélatineux; précipité donné par toutes les bases, redissous par les alcalis caustiques.

ESPÈCE 81.

Phosphate de zircone.

C. S. Inconnu.

ESPÈCE 82.

Phosphate de silice.

C. S. Vitreux; insipide, insoluble, permanent, imitant une gomme; ne devenant soluble dans les acides qu'après avoir été fondu dans quatre fois son poids d'alcali.

11. ——— GENRE VIII.

Phosphites.

Caractères génériques. Répandant une flamme phosphorescente quand on les chauffe; donnant un peu de phosphore à un grand feu, et repassant ainsi à l'état de phosphates moins abondans qu'ils ne l'étaient d'abord.

ESPÈCE 83.

Phosphite de chaux.

C. S. En poussière bien neutre; aiguillé quand il est acide; indécomposable par aucune base.

ESPÈCE 84.

Phosphite de barite.

C. S. En poudre insipide; très-lumineux au chalumeau; acidule plus dissoluble que celui de chaux; sa dissolution se trouble par l'eau de chaux.

ESPÈCE 85.

Phosphite de strontiane.

C. S. Inconnu.

ESPÈCE 86.

Phosphite de magnésie.

C. S. Insipide, en flocons, ou en très-petits tétraèdres; efflorescent; peu soluble.

ESPÈCE 87.

Phosphite de potasse.

C. S. Prisme droit à quatre pans avec un sommet dièdre; saveur piquante et salée; très-peu lumineux au chalumeau; peu déliquescent; très-dissoluble plus à chaud; précipité par les solutions de chaux, de barite, de strontiane.

ESPÈCE 88.

Phosphite de soude.

C. S. Prisme à quatre pans avec une pyramide à quatre faces ; légèrement efflorescent ; pas plus dissoluble à chaud.

ESPÈCE 89.

Phosphite d'ammoniaque.

C. S. Donnant, au chalumeau, de fortes étincelles et des flammes phosphoriques avec un anneau blanc vaporeux ; fournissant du gaz hidrogène phosphoré à la distillation.

ESPÈCE 90.

Phosphite ammoniaco-magnésien.

C. S. Réunissant à la propriété faible du précédent, celle de donner du sulfate de magnésie avec l'acide sulfurique.

ESPÈCE 91.

Phosphite d'alumine.

C. S. Styptique, d'une consistance gommeuse ; se boursoufle et se gonfle au feu.

ESPÈCE 92.

Phosphite de glucine.

C. S. Inconnu.

ESPÈCE 93.

Phosphite de zircone.

C. S. Inconnu.

12. GENRE IX.

Fluates.

Caractères génériques. Sels très-faibles et donnant, par l'acide sulfurique concentré, une vapeur qui ronge le verre et qui précipite par l'eau.

ESPÈCE 94.

Fluate de chaux.

C. S. Insipide, indissoluble, spathique, imitant le verre dans la nature; phosphorescent; dissoluble dans l'acide nitrique et muriatique, et formant ensuite un précipité insoluble par l'acide oxalique.

ESPÈCE 95.

Fluate de barite.

C. S. Très-dissoluble et cristallisable; précipitant en cristaux par l'acide oxalique; précipitable par l'acide sulfurique et par les carbonates alcalins.

ESPÈCE 96.

Fluate de strontiane.

C. S. Inconnu.

ESPÈCE 97.

Fluate de magnésie.

C. S. Précipitant en nuage par l'ammoniaque et non par les carbonates alcalins saturés.

Espèce 98.

Fluate de potasse.

C. S. Sous forme de gelée ; très-dissoluble ; précipitable par l'eau de chaux ; donnant, avec l'acide oxalique, un précipité soluble.

Espèce 99.

Fluate de potasse silicé.

C. S. Laisse, par un grand feu, de la potasse silicée.

Espèce 100.

Fluate de soude.

C. S. Se cristallisant en cubes ; saveur salée, âcre ; précipitable par l'eau de chaux et non par l'acide oxalique.

Espèce 101.

Fluate de soude silicé.

C. S. Laissant, par la vitrification, de la soude silicée.

Espèce 102.

Fluate d'ammoniaque.

C. S. Décomposable par la chaleur, même par la silice ; dégageant de l'ammoniaque par toutes les bases.

Espèce 103.

Fluate ammoniaco-magnésien.

C. S. Précipitant tout à la fois de la magnésie et exhalant une vapeur ammoniacale par les alcalis fixes.

ESPECE 104.

Fluate ammoniaco-silicé.

C. S. Donnant un précipité de silice quand on chauffe sa dissolution.

ESPECE 105.

Fluate de glucine.

C. S. Saveur douce sucrée; précipité, formé par les alcalis, dissoluble dans le carbonate d'ammoniaque.

ESPECE 106.

Fluate d'alumine.

C. S. Forme gélatineuse; saveur austère; donnant, par l'ammoniaque, un précipité soluble dans les alcalis fixes caustiques.

ESPECE 107.

Fluate de zircone.

C. S. Inconnu.

ESPECE 108.

Fluate de silice.

C. S. Le seul sel silicé cristallisable; à moitié décomposable par l'eau qui en sépare la silice.

12. ——— GENRE X.

Borates.

Caractères génériques. Tous fusibles en verre; leurs dissolutions concentrées donnent, par l'addition des acides sulfurique, nitrique, muriatique, etc., des cristaux lamelleux, brillans et nacrés d'acide boracique.

ESPECE 109.

Borate de chaux.

C. S. Incristallisable, insipide, insoluble; sa dissolution, dans les acides, donnant un précipité par l'acide oxalique.

ESPECE 110.

Borate de barite.

C. S. Soluble et donnant un précipité abondant par l'acide sulfurique.

ESPECE 111.

Borate de strontiane.

C. S. Inconnu.

ESPECE 112.

Borate de magnésie.

C. S. Insoluble; indécomposable par les alcalis; donnant du sulfate magnésien avec l'acide sulfurique.

ESPECE 113.

Borate magnésio-calcaire.

C. S. Scintillant avec le briquet; rayant le verre; très-reconnaissable dans la nature par sa forme subcubique, ses bords, ses angles incomplets, et sa propriété électrique.

Espece 114.

Borate de potasse.

C. S. Donnant un précipité cristallin avec l'acide oxalique.

Espece 115.

Borate de soude.

C. S. Point de précipité avec l'acide oxalique; absorbant de la soude.

Espece 116.

Borate sursaturé de soude.

C. S. Alcalin, verdissant les couleurs bleues végétales; absorbant de l'acide boracique.

Espece 117.

Borate d'ammoniaque.

C. S. Donnant de l'ammoniaque au feu et se fondant en verre acide.

Espece 118.

Borate ammoniaco-magnésien.

C. S. Donnant de l'ammoniaque au feu sans se fondre, et du sulfate de magnésie avec l'acide sulfurique.

Espece 119.

Borate de glucine.

C. S. Inconnu.

Espece 120.

Borate d'alumine.

C. S. Peu soluble ; précipitant par les alcalis.

Espece 121.

Borate de zircone.

C. S. Donnant un verre jaunâtre au chalumeau ; peu connu.

Espece 122.

Borate de silice.

C. S. Vitreux ; insipide ; insoluble ; inaltérable à l'air.

13. ———— GENRE XI.

Carbonates.

Caractères génériques. Conservant tous quelques propriétés alcalines légères ; ils font, avec tous les acides, une effervescence vive et rapide, qui n'est point accompagnée de fumée blanche.

Espece 123.

Carbonate de barite.

C. S. Indécomposable par le feu qui ne peut en séparer l'acide carbonique ; perdant son acide, quand on le calcine avec du charbon ; vénéneux.

ESPECE 124.

Carbonate de strontiane.

C. S. Se comportant au feu comme celui de barite ; donnant à la flamme une couleur purpurine ; non vénéneux.

ESPECE 125.

Carbonate de chaux.

C. S. Insipide, dissoluble par l'acide carbonique ; donnant de la chaux par le feu.

ESPECE 126.

Carbonate de potasse.

C. S. Bien cristallisable ; peu altérable à l'air ; ne précipitant pas les sels magnésiens à froid.

ESPECE 127.

Carbonate de soude.

C. S. Efflorescent à l'air ; décomposant les sels magnésiens à froid.

ESPECE 128.

Carbonate de magnésie.

C. S. Se cristallisant en prismes à six pans ; efflorescent ; décomposable par les alcalis.

ESPECE 129.

Carbonate d'ammoniaque.

C. S. Volatil, odorant, non décomposable par la chaleur.

ESPECE 130.

Carbonate ammoniaco-magnésien.

C. S. Donnant tout à la fois l'odeur ammoniacale et la magnésie pure par les alcalis fixes caustiques.

ESPECE 131.

Carbonate de glucine.

C. S. En poudre pelotonée et grasse ; insipide ; facile à calciner ; indissoluble même par son propre acide ; dissoluble dans l'ammoniaque à mesure que celle-ci passe à l'état de carbonate.

ESPECE 132.

Carbonate d'alumine.

C. S. Perdant à l'air et par la simple désiccation, la plus grande partie de l'acide carbonique qu'il a reçu par la voie humide.

ESPECE 133.

Carbonate de zircone.

C. S. Pulvérulent, insipide, insoluble, excepté dans les carbonates alcalins qui le dissolvent tous, et semblent former avec lui des sels triples.

ESPECE 134.

Carbonate ammoniaco-zirconien.

C. S. Plus dissoluble que le carbonate de zircone ; sa dissolution chauffée dégage du carbonate ammoniacal, se trouble et dépose du carbonate de zircone ; non précipitable par l'ammoniaque.

14. En caractérisant les cent trente-quatre espèces bien distinctes de sels et par leur disposition respective, et par des propriétés spécifiques prononcées autant que certaines, j'ai voulu faire voir que leur ordonnance et leur classification en genres et en espèces, à la manière des botanistes et des naturalistes, pouvait offrir pour l'étude de la chimie une méthode aussi précise et aussi facile que celle qu'on a établie pour l'étude des plantes et des animaux. Il manquerait cependant quelque chose encore à ce tableau, si je le bornais à la seule exposition de la classification que j'ai suivie dans l'histoire des sels, et si je n'offrais pas à sa suite une esquisse d'une autre marche et la possibilité de traiter méthodiquement cet objet suivant un ordre différent.

15. On a vu par tous les détails précédens pourquoi j'ai préféré de former les genres des sels d'après les acides; mais j'ai annoncé qu'il n'était pas impossible de les établir d'après les bases, et que plusieurs chimistes avaient adopté ce mode. Moi-même, aux premières années de mes démonstrations, il y a vingt ans, je désignais les genres suivant les bases. En présentant ici cette méthode opposée à la première, pour faire mieux ressortir les avantages de celle que j'ai préférée, il me suffira de donner les caractères des genres; j'y trouverai d'ailleurs le moyen de multiplier les caractères de nos véritables espèces salines, car on sent bien que chaque genre fondé ici sur une base salifiable, deviendra une représentation exacte des caractères existans dans toutes les espèces dont cette base détermine la différence pour les genres établis d'après les acides.

16. En admettant les bases pour détermination des genres de sels, il y aura dix genres de sels différens; car on ne peut pas en faire un de la silice qui ne donne que deux ou trois combinaisons peu permanentes ou très-peu salines avec les acides. En disposant ensuite ces dix genres d'après le principe déja reçu de l'attraction des bases pour les acides et en

partant de la plus forte pour se rendre jusqu'à la plus faible, on a :

1°. Le genre des sels à base de barite ;
2°. Celui des sels à base de potasse ;
3°. Les sels de soude ;
4°. Les sels de strontiane ;
5°. Les sels de chaux ou calcaires ;
6°. Les sels ammoniacaux ou à base d'ammoniaque ;
7°. Les sels magnésiens ou à base de magnésie ;
8°. Les sels de glucine ;
9°. Les sels d'alumine ;
10°. Les sels de zircone.

Voici comment on peut caractériser chacun de ces genres.

17. Les sels à base de *barite* sont les plus solides, les plus difficiles à décomposer ; la saveur, la dissolubilité, la forme y varie tellement qu'on ne peut y puiser aucun caractère générique ; tous sont plus ou moins vénéneux, presque tous sont indécomposables par le feu, si l'on en excepte les nitrate, nitrite, sulfite, phosphate et muriate suroxigéné, dont les acides se décomposent totalement ou partiellement par la chaleur. On les décompose tous par les carbonates de potasse, de soude et d'ammoniaque.

18. Les sels à base de *potasse* sont tous sapides et dissolubles, presque tous cristallisables ; le feu les fond, les calcine, les vitrifie, on les décompose et les réduit à leur base. Ils sont presque tous amers purgatifs, fondans, diurétiques. Parmi les bases, la barite est la seule qui les décompose généralement ; la chaux en décompose quelques-uns, mais rarement. On en sépare souvent les élémens par le jeu des attractions électives doubles ; et c'est sur-tout à l'aide des sels calcaires qu'on obtient ces décompositions.

19. Les sels à base de *soude* ont beaucoup de propriétés communes avec les précédens. En en formant un genre, on y trouve, comme dans les derniers, une saveur constamment

piquante, amère, salée, une cristallisation plus ou moins facile, beaucoup plus communément de l'efflorescence à l'air, une fusion aqueuse, un dessèchement, une calcination qui précède la fusion ignée, plus d'eau de cristallisation, cause des deux dernières propriétés. Un caractère bien tranché les distingue des sels à base de potasse; décomposables comme eux par la barite, ils le sont de plus par la potasse qui a plus d'attraction que la soude pour les acides.

20. Les sels de *strontiane* n'ont rien de commun entre eux dans la forme, la saveur, la dissolubilité; les uns sont indissolubles et insipides, les autres sont très-dissolubles et très-âcres. Ils varient également dans la manière dont le feu et l'air les altèrent. Mais tous sont décomposables par la barite, la potasse et la soude; et il n'y a qu'eux qui ne le soient que par ces trois bases indifféremment.

21. Les sels *calcaires*, non caractérisables comme genre par la forme, la saveur, la dissolubilité, ni par l'action du feu et de l'air sur eux, puisque ces propriétés y varient suivant les espèces ou suivant les acides divers qui y sont unis à la chaux, ne peuvent être exactement reconnus que comme décomposables par la barite, la potasse, la soude et la strontiane. Ces bases dissoutes dans l'eau et versées dans des dissolutions de sels calcaires y forment constamment un précipité de chaux. On les reconnaît encore en ce qu'ils sont tous décomposés et précipités en un sel insoluble par l'acide oxalique, espèce d'acide végétal qui a pour la chaux l'attraction la plus forte, et qui l'enlève à tous les autres acides.

22. Les sels *ammoniacaux* ont plus de caractères distinctifs dépendans de leur base que la plus grande partie des sels précédens. Presque tous avec une saveur âcre, piquante, amère, une dissolubilité assez marquée, sont volatils et sublimables par le feu; ceux qui ne se volatilisent point ainsi se décomposent, laissent aller leur base, leur ammoniaque seule, en tout ou en partie, et deviennent ainsi des sels acidules ou

se réduisent à leur acide pur. D'ailleurs on en dégage à froid et par le seul contact la base, si reconnaissable à son odeur vive, à l'aide de la barite, de la potasse, de la soude, de la strontiane et de la chaux.

23. Les sels *magnésiens*, non constans dans leurs propriétés physiques, leur forme, leur pesanteur, etc., ont cependant en général une saveur assez généralement amère. La barite, la potasse, la soude, la strontiane et la chaux les décomposent complétement et en précipitent la base terreuse; l'ammoniaque ne les décompose que partiellement, et forme avec le reste des sels triples. On reconnaît très-sûrement un sel magnésien, en ce que sa dissolution, unie à celle d'un sel ammoniacal contenant le même acide que lui, donne presque tout-à-coup des cristaux très-promptement déposés d'un sel triple ammoniaco-magnésien.

24. Les sels à base de *glucine*, outre qu'ils sont décomposés et précipités par toutes les bases précédentes dont on vient d'indiquer les combinaisons, ont encore deux caractères propres à les distinguer de tous les autres genres possibles, parce qu'ils leur appartiennent assez exclusivement pour qu'on ne les rencontre dans aucun autre. L'un est une saveur douceâtre et comme sucrée qui a fait donner à la base terreuse le nom qu'elle porte; l'autre consiste dans la dissolution de la terre précipitée d'abord par les alcalis à l'aide du carbonate d'ammoniaque. On sépare la glucine de cette dissolution par la chaleur qui chasse le carbonate ammoniacal et qui permet alors à la glucine que ce sel tenait dissoute dans l'eau, de se précipiter sous la forme terreuse et pulvérulente.

Les sels à base d'*alumine* sont tous d'une saveur plus ou moins acerbe ou astringente, quelquefois même fortement styptique; on les reconnaît très-facilement, soit parce que toutes les bases alcalines et terreuses, excepté la zircone, les décomposent et en précipitent la base, soit et sur-tout en ce que l'alumine séparée de leur dissolution sous la forme de flocons légers, se dissout avec une très-grande facilité dans les alcalis caustiques.

26. Enfin les sels à base de *zircone* sont les plus faibles, les plus décomposables de tous. Précipitables par la chaux comme par toutes les autres bases alcalines et terreuses, on les reconnaît très-bien de tous les autres sels et sur-tout de ceux d'alumine, en ce que leur terre séparée ne se redissout pas dans les alcalis que l'on ajoute. On sait que l'alumine s'y dissout très-bien, et que la glucine qui s'y dissout aussi est la seule base que le carbonate d'ammoniaque fasse disparaître.

ARTICLE XV.

Des actions des sels les uns sur les autres et de leurs décompositions réciproques.

1. Parmi les faits qui appartiennent aux propriétés des substances salines, il n'en est aucun qui présente plus d'intérêt à l'observateur, plus de phénomènes curieux au chimiste, plus de résultats importans aux arts et aux manufactures, que l'action réciproque qu'elles exercent les unes sur les autres. En comparant toutes les données que la science a déja permis de recueillir sur cette action réciproque, je trouve qu'elle se partage en six phénomènes différens; et comme je n'ai pas donné, dans l'histoire des espèces, tous les détails de ces phénomènes qui auraient alongé, sans beaucoup de fruit, cette histoire déja fort étendue, il m'a paru utile au moins d'en exposer, dans un article particulier, les généralités, ainsi qu'une partie des résultats qu'ils fournissent pour leurs applications aux opérations de la nature et aux procédés des arts.

2. D'abord je ferai observer que les sels n'exercent presque jamais d'action les uns sur les autres, que lorsqu'on les prend

dissous dans l'eau, au moins l'un des deux, ou qu'on ajoute de l'eau au contact réciproque de ces matières. Dans ce cas qui dispose leur réaction, on observe l'une ou l'autre des six circonstances suivantes.

A. Les dissolutions se mêlent sans aucun changement et de telle sorte qu'on puisse, par l'évaporation, les séparer l'un de l'autre aussi purs et aussi abondans qu'ils l'étaient auparavant.

B. Ou bien les deux sels s'unissent sans s'altérer réciproquement, sans changer de nature, et de manière à faire une combinaison triple lorsque ce sont, soit deux espèces du même genre, c'est-à-dire lorsqu'ils contiennent le même acide, soit deux espèces de genre différent, mais de la même base, ce qui est beaucoup plus rare.

C. Quelquefois un des sels, plus avide d'eau que l'autre, lui enlève ce liquide dissolvant et précipite la dissolution de celui-ci. Dans ce cas, tantôt une dissolution d'un sel qui n'était point disposé à se cristalliser, dépose des cristaux par l'addition d'une autre dissolution saline ; tantôt, au contraire, une dissolution, au lieu de se cristalliser comme elle l'aurait fait, si elle était restée pure et sans mélange, ne donne point de cristaux et reste en liqueur.

D. Il est des sels qui se rendent réciproquement plus ou moins dissolubles par leur mélange dans le même liquide, et qui changent ainsi, par leur contact simultané avec l'eau, les lois de leur dissolubilité. Ainsi souvent une eau saturée d'un sel devient susceptible d'en dissoudre une nouvelle proportion, lorsqu'on y a préalablement ajouté une autre substance saline.

E. Un grand nombre de sels éprouvent, par leur contact, une décomposition partielle.

F. Enfin beaucoup se décomposent entièrement ou complétement lorsqu'on les fait agir l'un sur l'autre.

3. De ces six genres d'actions dont les détails fournis sur les espèces en particulier ont offert quelques exemples bien

prononcés, mais qui n'ont point encore, à beaucoup près, été appréciés dans les rapports réciproques de toutes les espèces, parce que cette détermination demande un travail immense à peine ébauché, je choisirai spécialement la dernière comme l'objet le plus important et le plus utile à connaître, celui sur lequel il a déja été recueilli le plus de faits, celui, en un mot, qui est le plus propre à faire juger de l'état d'avancement où la science est parvenue, et du degré de perfection qu'elle doit atteindre quelque jour. A peine citait-on, il y a vingt ans, dans les cours de chimie, une douzaine d'exemples de décompositions réciproques des sels les uns par les autres, tandis qu'on en connaît aujourd'hui près de deux mille cas, et qu'il est permis d'en soupçonner un plus grand nombre encore. Aucune partie de la science n'étant plus avantageuse que celle-là pour la connaissance d'une foule de phénomènes de la nature et de l'art, je la présenterai ici avec assez de détails pour suppléer à ce qui peut manquer, à cet égard, dans les articles précédens consacrés à l'histoire particulière des espèces. J'indiquerai d'abord les principes généraux de ces décompositions salines réciproques; je donnerai ensuite, espèce par espèce, le tableau de celles qui sont ou bien connues par l'expérience, ou établies sur des présomptions bien fondées.

4. Toutes les fois que deux sels, différens l'un de l'autre par leur acide et leur base, se décomposent réciproquement, il se fait un échange double de base et d'acide, et il y a toujours une double attraction élective. Cependant cette attraction doit être considérée comme *superflue* ou comme *nécessaire*; elle est superflue lorsque la base de celui des sels que l'on prend pour en décomposer un autre, a plus d'attraction avec l'acide de ce dernier que n'en a la sienne propre; elle est nécessaire, au contraire, lorsque ni l'acide ni la base du sel employé à la décomposition d'un autre ne pouvant l'opérer, la réunion de leur action simultanée est indispensable pour faire réussir cette décomposition. Considérés sous ce point de vue la

plupart des doubles échanges de bases et d'acides entre les sels, ont lieu par attractions superflues, et il n'y en a qu'un petit nombre qui exigent la cumulation des forces attractives nécessaires pour être mis en activité.

5. Pour juger les actions et sur-tout les décompositions réciproques que les sels sont susceptibles d'exercer les uns sur les autres, on a coutume de les mêler dissous dans l'eau ; ce liquide, en tenant leurs molécules écartées les unes des autres, permet à ces molécules de réagir et d'opérer entre elles l'effet que l'attraction des composans doit produire. Quoique cet effet, dans le cas des doubles décompositions, s'annonce le plus souvent par un précipité qui se forme plus ou moins promptement, comme la précipitation n'a lieu que parce qu'un des nouveaux sels formés est beaucoup moins dissoluble que l'autre et que les deux premiers existans, il y a des cas de décomposition où les sels nouveaux bien dissolubles n'abandonnent pas l'eau. Il ne faut donc pas juger, par l'absence de la précipitation, de la non-existence de cette décomposition ; mais on doit examiner les liqueurs qui restent claires, en opérer l'évaporation lente, et retirer, en les séparant l'un de l'autre, les deux sels qui existent dans la dissolution. L'eau joue donc un rôle dans ces opérations par le genre d'attraction qu'elle exerce soit sur les sels que l'on mêle avant qu'ils se décomposent réciproquement, soit sur ceux qui résultent de cette décomposition réciproque ; tantôt elle favorise ou accélère celle-ci ; tantôt elle y oppose obstacle ou retardement.

6. Bergman a donné, pour représenter le jeu et le résultat des doubles décompositions, une formule ou une espèce d'emblême qu'on peut employer avec beaucoup d'avantage pour offrir ce qui se passe dans l'effet des attractions doubles entre les sels. Il place aux deux extrémités extérieures d'un parallélogramme formé par deux accolades verticales et en regard dont les pointes sont placées en dehors, les deux sels mis en

contact. Dans chaque accolade il désigne les principes composans de chaque sel, de sorte que l'acide de l'un soit opposé à la base de l'autre. Une troisième accolade placée horizontalement en haut de la figure, expose celui des deux nouveaux sels formés qui reste en suspension ou en dissolution dans l'eau; et une quatrième, mise au bas, offre le nouveau sel formé qui se sépare ou se précipite. C'est ainsi qu'est exprimée, par exemple, la double décomposition qui a lieu entre le sulfate de potasse et le nitrate de chaux.

Nitrate de potasse.

Sulfate de potasse.	Potasse.	Acide nitrique.	Nitrate de chaux.
	Acide sulfurique.	Chaux.	

Sulfate de chaux.

7. M. Kirwan, en employant la même représentation ou la même formule, y a réuni l'expression des attractions quiescentes et divellentes, pour faire voir que les dernières l'emportent sur les premières, et que la direction de chacune de ces attractions exprime, comme on le voit dans le second exemple placé ici, du nitrate de barite décomposé par le carbonate de soude.

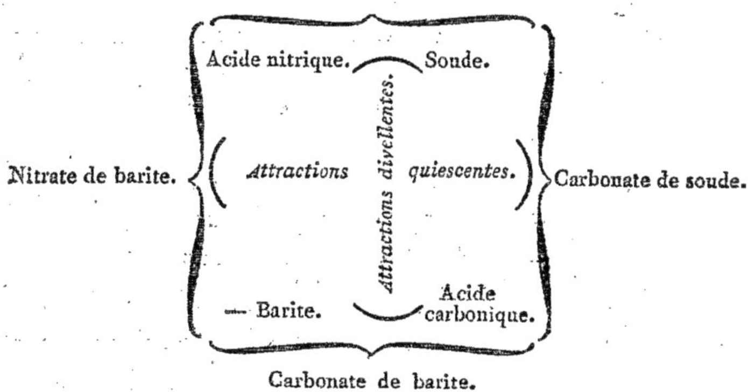

J'ai essayé, il y a déja long temps, de faire plus encore pour la clarté et l'intelligence de ces emblêmes, en assignant pour exprimer chaque attraction chimique, des nombres différens qui pouvaient s'accorder avec l'observation, de sorte que la somme des attractions divellentes devait l'emporter sur celle des attractions quiescentes. Mais je n'ai pu faire cet essai fort vague et incertain encore, que d'après des premières données trop peu nombreuses entre quelques acides et quelques bases seulement, comme on peut le voir dans le volume de mémoires de chimie que j'ai publié en 1784. Le nombre de ces corps, singulièrement augmenté par les découvertes faites depuis cette époque, exigerait aujourd'hui l'emploi de moyens beaucoup plus exacts que ceux dont j'ai pu me servir alors pour apprécier la force relative des attractions existantes entre les acides et les bases. De simples tâtonnemens, ou des nombres convenus et arrangés d'après les rapports généraux apperçus entre ces attractions, ne suffisant plus, je n'insiste plus aujourd'hui sur l'exécution de ce plan, qui exige un autre genre de recherches beaucoup plus multipliées et beaucoup plus difficiles que celles qu'on a faites jusqu'à présent. Je me contenterai donc de présenter ici les décompositions doubles des sels qui sont venues à ma connaissance, en offrant dans un tableau les 134 espèces de sels pris dans l'ordre où je les ai décrits.

8. On y verra le nombre des doubles décompositions s'élevant à 1760, sans y comprendre cependant celles des nitrites, des muriates suroxigénés et des phosphites, que je n'ai pas pu considérer en particulier, à cause du peu de connaissances qu'on a encore recueillies sur les espèces de sels énoncées pour la première fois ici dans un ouvrage méthodique et systématique de chimie. Sur les 1760 décompositions, dont la plupart sont dues à des attractions doubles superflues, il en est un certain nombre qui n'ayant pas été bien constatées par des expériences exactes, mais seulement prévues par l'ordre des

attractions bien connues, ont été indiquées comme soupçonnées ou simplement vraisemblables, à l'aide d'un point d'interrogation placé à la suite du sel décomposant.

Le tableau qui expose ces attractions et décompositions doubles entre les sels est traité par une méthode simple et facile à concevoir. Chaque sel y est considéré, en particulier, sous des numéros correspondans à celui de l'ordre qu'il occupe dans la série des substances salines, depuis le numéro I jusqu'au numéro CXXXIV, nombre total de ces composés. L'espèce désignée est censée mise en contact avec toutes celles qui la suivent; de sorte qu'à mesure qu'on avance, le nombre de celles par lesquelles on traite successivement chaque espèce va en diminuant.

L'exposition des doubles décompositions de chaque espèce de sel est séparée de celle qui la précède par un tiret. Les numéros et les noms de l'espèce traitée dans chaque exposition sont en chiffres romains et en petites capitales, tandis que ceux des espèces décomposantes sont en chiffres arabes et en italique.

Au reste, l'inspection et la plus légère étude de ce tableau feront mieux concevoir la marche ainsi que les moyens d'abbréviation qui y sont employés, que ne le pourraient faire de longues explications préliminaires.

Tableau des doubles décompositions réciproques qui ont lieu entre les 134 espèces des sels alcalins et terreux décrits dans cette section.

I. SULFATE DE BARITE.

Sur les 133 espèces de sels qui viennent après lui, il n'éprouve de décomposition que de la part des deux suivans :

1. *Carbonate de potasse.*

Il se forme du . . . . . . { sulfate de potasse. / carbonate de barite.

Attraction nécessaire.

2. *Carbonate de soude.*

Il se forme du . . . . . . { sulfate de soude. / carbonate de barite.

Attraction nécessaire.

II. SULFATE DE POTASSE.

Est décomposé par les 14 suivans.

1. *Sulfite de barite.*

Il se forme du . . . . . . { sulfite de potasse. / sulfate de barite.

Attraction superflue.

2. *Nitrate de barite.*

Il se forme du . . . . . . {nitrate de potasse. / sulfate de barite.}

Attraction superflue.

3. *Nitrate de strontiane.*

Il se forme du . . . . . . {nitrate de potasse. / sulfate de strontiane.}

Attraction nécessaire.

4. *Nitrate de chaux.*

Il se forme du . . . . . . {nitrate de potasse. / sulfate de chaux.}

Attraction nécessaire.

5, 6, 7.

Les trois *nitrites* de barite, de strontiane et de chaux; aux nitrates formés dans les trois exemples ci-dessus, substitués des nitrites; les sulfates précipités sont les mêmes.

8. *Muriate de barite.*

Il se forme du . . . . . . {muriate de potasse. / sulfate de barite.}

Attraction superflue.

9. *Muriate de strontiane.*

Il se forme du . . . . . . {muriate de potasse. / sulfate de strontiane.}

Attraction nécessaire.

10. *Muriate de chaux.*

Il se forme du . . . . . . { muriate de potasse.
sulfate de chaux.

Attraction nécessaire.

11. *Phosphate de barite.*

Il se forme du . . . . . . { phosphate de potasse.
sulfate de barite.

Attraction superflue.

12. *Phosphite de barite.*

Il se forme du . . . . . . { phosphite de potasse.
sulfate de barite.

Attraction superflue.

13. *Fluate de barite.*

Il se forme du . . . . . . { fluate de potasse.
sulfate de barite.

Attraction superflue.

14. *Borate de barite.*

Il se forme du . . . . . . { borate de potasse.
sulfate de barite.

Attraction superflue.

III. Sulfate acide de potasse.

Est décomposé par le plus grand nombre des espèces qui le suivent en raison de l'excès d'acide qu'il contient. Ainsi il unit aux décompositions doubles du précédent le phénomène d'une foule de décompositions simples par son acide excédent.

IV. Sulfate de soude.

Est décomposé par les 23 suivans.

1. *Sulfite de barite.*

Il se forme du . . . . . . {sulfite de soude.
sulfate de barite.

Attraction superflue.

2. *Sulfite de potasse.*

Il se forme du . . . . . . {sulfite de soude.
sulfate de potasse.

Attraction superflue.

3. *Nitrate de barite.*

Il se forme du . . . . . . {nitrate de soude.
sulfate de barite.

Attraction superflue.

4. *Nitrate de potasse.*

Il se forme du . . . . . . {nitrate de soude.
sulfate de potasse.

Attraction superflue.

5. *Nitrate de strontiane.*

Il se forme du . . . . . . { nitrate de soude. / sulfate de strontiane.

Attraction nécessaire.

6. *Nitrate de chaux.*

Il se forme du . . . . . . { nitrate de soude. / sulfate de chaux.

Attraction nécessaire.

7, 8, 9, 10.

Les *nitrites* de barite, de potasse, de strontiane et de chaux, agissent comme les nitrates; aux nitrates formés dans les quatre exemples ci-dessus, substitués des nitrites; les sulfates formés sont les mêmes.

11. *Muriate de barite.*

Il se forme du . . . . . . { muriate de soude. / sulfate de barite.

Attraction superflue.

12. *Muriate de potasse.*

Il se forme du . . . . . . { muriate de soude. / sulfate de potasse.

Attraction superflue.

13. *Muriate de strontiane.*

Il se forme du . . . . . . { muriate de soude. / sulfate de strontiane.

Attraction nécessaire.

14. *Muriate de chaux.*

Il se forme du . . . . . . { muriate de soude.
sulfate de chaux.

Attraction nécessaire.

15. *Phosphate de barite.*

Il se forme du . . . . . . { phosphate de soude.
sulfate de barite.

Attraction superflue.

16. *Phosphate de potasse.*

Il se forme du . . . . . . { phosphate de soude.
sulfate de potasse.

Attraction superflue.

17. *Phosphite de barite.*

Il se forme du . . . . . . { phosphite de soude.
sulfate de barite.

Attraction superflue.

18. *Phosphite de potasse.*

Il se forme du . . . . . . { phosphite de soude.
sulfate de potasse.

Attraction superflue.

19. *Fluate de barite.*

Il se forme du . . . . . . { fluate de soude.
sulfate de barite.

Attraction superflue.

20. *Fluate de potasse.*

Il se forme du . . . . . . { fluate de soude.
sulfate de potasse.

Attraction superflue.

21. *Borate de barite.*

Il se forme du . . . . . . { borate de soude.
sulfate de barite.

Attraction superflue.

22. *Borate de potasse.*

Il se forme du . . . . . . { borate de soude.
sulfate de potasse.

Attraction superflue.

23. *Carbonate de potasse.*

Il se forme du . . . . . . { carbonate de soude.
sulfate de potasse.

Attraction superflue.

V. SULFATE DE STRONTIANE.

Est décomposé par les 24 suivans.

1. *Sulfite de barite.*

Il se forme du . . . . . . { sulfite de strontiane.
sulfate de barite.

Attraction superflue.

2. *Sulfite de potasse.*

Il se forme du . . . . . . { sulfate de potasse.
sulfite de strontiane.

Attraction superflue.

3. *Sulfite de soude.*

Il se forme du . . . . . . { sulfate de soude.
sulfite de strontiane.

Attraction superflue.

4. *Nitrate de barite.*

Il se forme du . . . . . . { nitrate de strontiane.
sulfate de barite.

Attraction superflue.

5. *Muriate de barite.*

Il se forme du . . . . . . { muriate de strontiane.
sulfate de barite.

Attraction superflue.

6. *Phosphate de barite.*

Il se forme du . . . . . . { phosphate de strontiane.
sulfate de barite.

Attraction superflue.

7. *Phosphate de potasse.*

Il se forme du . . . . . . { sulfate de potasse.
phosphate de strontiane.

Attraction superflue.

8. *Phosphate de soude.*

Il se forme du . . . . . . {sulfate de soude.
phosphate de strontiane.

Attraction superflue.

9. *Phosphate d'ammoniaque.*

Il se forme du . . . . . . {sulfate d'ammoniaque.
phosphate de strontiane.

Attraction nécessaire.

10, 11, 12 et 13.

Les quatre *phosphites* des mêmes bases que les phosphates décomposent le sulfate de strontiane comme eux. Aux phosphates substitués ici des phosphites; les sulfates formés sont les mêmes que dans les quatre exemples précédens.

14. *Fluate de barite.*

Il se forme du . . . . . . {fluate de strontiane.
sulfate de barite.

Attraction superflue.

15. *Fluate de potasse?*

Il se forme du . . . . . . {sulfate de potasse.
fluate de strontiane.

Attraction superflue.

16. *Fluate de soude?*

Il se forme du . . . . . . {sulfate de soude.
fluate de strontiane.

Attraction superflue.

17. *Fluate d'ammoniaque ?*

Il se forme du . . . . . . { sulfate d'ammoniaque, fluate de strontiane.

Attraction nécessaire.

18. *Borate de barite ?*

Il se forme du . . . . . . { borate de strontiane. sulfate de barite.

Attraction superflue.

19. *Borate de potasse ?*

Il se forme du . . . . . . { sulfate de potasse. borate de strontiane.

Attraction superflue.

20. *Borate de soude ?*

Il se forme du . . . . . . { sulfate de soude. borate de strontiane.

Attraction superflue.

21. *Borate d'ammoniaque.*

Il se forme du . . . . . . { sulfate d'ammoniaque. borate de strontiane.

Attraction superflue.

22. *Carbonate de barite ?*

Il se forme du . . . . . . { carbonate de strontiane. sulfate de barite.

Attraction superflue.

23. *Carbonate de potasse.*

Il se forme du . . . . . . { sulfate de potasse. / carbonate de strontiane.

Attraction superflue.

24. *Carbonate de soude.*

Il se forme du . . . . . . { sulfate de soude. / carbonate de strontiane.

Attraction superflue.

VI. SULFATE DE CHAUX.

Est décomposé par les 38 suivans.

1. *Sulfite de barite.*

Il se forme du . . . . . . { sulfite de chaux. / sulfate de barite.

Attraction superflue.

2. *Sulfite de potasse.*

Il se forme du . . . . . . { sulfate de potasse. / sulfite de chaux.

Attraction superflue.

3. *Sulfite de soude.*

Il se forme du . . . . . . { sulfate de soude. / sulfite de chaux.

Attraction superflue.

4. *Nitrate de barite.*

Il se forme du . . . . . . {nitrate de chaux. / sulfate de barite.}

Attraction superflue.

5. *Nitrate de strontiane.*

Il se forme du . . . . . . {nitrate de chaux. / sulfate de strontiane.}

Attraction superflue.

6. *Nitrite de barite.*

Il se forme du . . . . . . {nitrite de chaux. / sulfate de barite.}

Attraction superflue.

7. *Nitrite de strontiane.*

Il se forme du . . . . . . {nitrite de chaux. / sulfate de strontiane.}

Attraction superflue.

8. *Muriate de barite.*

Il se forme du . . . . . . {muriate de chaux. / sulfate de barite.}

Attraction superflue.

9. *Muriate de strontiane.*

Il se forme du . . . . . . {muriate de chaux. / sulfate de strontiane.}

Attraction superflue.

10. *Phosphate de barite.*

Il se forme du . . . . . . { phosphate de chaux.
sulfate de barite.

Attraction superflue.

11. *Phosphate de strontiane?*

Il se forme du . . . . . . { phosphate de chaux.
sulfate de strontiane.

Attraction superflue.

12. *Phosphate de potasse.*

Il se forme du . . . . . . { sulfate de potasse.
phosphate de chaux.

Attarction superflue.

13. *Phosphate de soude.*

Il se forme du . . . . . . { sulfate de soude.
phosphate de chaux.

Attraction superflue.

14. *Phosphate d'ammoniaque.*

Il se forme du . . . . . . { sulfate d'ammoniaque.
phosphate de chaux.

Attraction nécessaire.

15. *Phosphate d'alumine?*

Il se forme du . . . . . . { sulfate d'alumine.
phosphate de chaux.

Attraction nécessaire.

16, 17, 18, 19, 20 et 21.

Les *phosphites* aux six bases des phosphates précédens paroissent susceptibles de décomposer comme eux le sulfate de chaux. Il se forme des phosphites et les sulfates déja indiqués.

22. *Fluate de barite ?*

Il se forme du . . . . . . { fluate de chaux. / sulfate de barite.

Attraction superflue.

23. *Fluate de strontiane ?*

Il se forme du . . . . . . { fluate de chaux. / sulfate de strontiane.

Attraction superflue.

24. *Fluate de magnésie ?*

Il se forme du . . . . . . { sulfate de magnésie. / fluate de chaux.

Attraction nécessaire.

25. *Fluate de potasse.*

Il se forme du . . . . . . { sulfate de potasse. / fluate de chaux.

Attraction superflue.

26. *Fluate de soude.*

Il se forme du . . . . . . { sulfate de soude. / fluate de chaux.

Attraction superflue.

27. *Fluate d'ammoniaque.*

Il se forme du . . . . . . { sulfate d'ammoniaque. fluate de chaux.

Attraction nécessaire.

28. *Borate de barite.*

Il se forme du . . . . . . { borate de chaux. sulfate de barite.

Attraction superflue.

29. *Borate de strontiane.*

Il se forme du . . . . . . { borate de chaux. sulfate de strontiane.

Attraction superflue.

30. *Borate de magnésie.*

Il se forme du . . . . . . { sulfate de magnésie. borate de chaux.

Attraction nécessaire.

31. *Borate de potasse.*

Il se forme du . . . . . . { sulfate de potasse. borate de chaux.

Attraction superflue.

32. *Borate de soude.*

Il se forme du . . . . . . { sulfate de soude. borate de chaux.

Attraction superflue.

33. *Borate d'ammoniaque.*

Il se forme du . . . . . . { sulfate d'ammoniaque. / borate de chaux.

Attraction nécessaire.

34. *Carbonate de barite ?*

Il se forme du . . . . . . { carbonate de chaux. / sulfate de barite.

Attraction superflue.

35. *Carbonate de strontiane ?*

Il se forme du . . . . . . { carbonate de chaux. / sulfate de strontiane.

Attraction superflue.

36. *Carbonate de potasse.*

Il se forme du . . . . . . { sulfate de potasse. / carbonate de chaux.

Attraction superflue.

37. *Carbonate de soude.*

Il se forme du . . . . . . { sulfate de soude. / carbonate de chaux.

Attraction superflue.

38. *Carbonate d'ammoniaque.*

Il se forme du . . . . . . { sulfate d'ammoniaque. / carbonate de chaux.

Attraction nécessaire.

VII. Sulfate d'ammoniaque.

Est décomposé par les 49 suivans.

1. *Sulfite de barite.*

Il se forme du . . . . . . { sulfite d'ammoniaque. / sulfate de barite.

Attraction superflue.

2. *Sulfite de potasse.*

Il se forme du . . . . . . { sulfite d'ammoniaque. / sulfate de potasse.

Attraction superflue.

3. *Sulfite de soude.*

Il se forme du . . . . . . { sulfite d'ammoniaque. / sulfate de soude.

Attraction superflue.

4. *Sulfite de strontiane.*

Il se forme du . . . . . . { sulfite d'ammoniaque. / sulfate de strontiane.

Attraction superflue.

5. *Sulfite de magnésie.*

A chaud, il se forme du. . { sulfite d'ammoniaque. / sulfate de magnésie.

A froid, union en sel triple.

Attraction nécessaire.

6. *Nitrate de barite.*

Il se forme du . . . . . . { nitrate d'ammoniaque. / sulfate de barite.

Attraction superflue.

7. *Nitrate de potasse?*

Il se forme du . . . . . . { nitrate d'ammoniaque. / sulfate de potasse.

Attraction superflue.

8. *Nitrate de soude?*

Il se forme du . . . . . . { nitrate d'ammoniaque. / sulfate de soude.

Attraction superflue.

9. *Nitrate de strontiane.*

Il se forme du . . . . . . { nitrate d'ammoniaque. / sulfate de strontiane.

Attraction superflue.

10. *Nitrate de chaux.*

Il se forme du . . . . . . { nitrate d'ammoniaque. / sulfate de chaux.

Attraction superflue.

11. *Nitrate de magnésie.*

A chaud, il se forme du . . { nitrate d'ammoniaque. / sulfate de magnésie.

A froid, décomposition douteuse.

Attraction nécessaire.

12. *Nitrate ammoniaco-magnésien.*

Il se forme du . . . . . . { nitrate d'ammoniaque.
sulfate ammoniaco-magnésien.

Attraction nécessaire.

13, 14, 15, 16, 17, 18, 19.

Les sept *nitrites* des mêmes bases que les nitrates précédens paroissent décomposer de même le sulfate d'ammoniaque.

20. *Muriate de barite.*

Il se forme du . . . . . . { muriate d'ammoniaque.
sulfate de barite.

Attraction superflue.

21. *Muriate de potasse.*

Il se forme du . . . . . . { muriate d'ammoniaque.
sulfate de potasse.

Attraction superflue.

22. *Muriate de soude.*

Il se forme du . . . . . . { muriate d'ammoniaque.
sulfate de soude.

Attraction superflue.

23. *Muriate de strontiane.*

Il se forme du . . . . . . { muriate d'ammoniaque.
sulfate de strontiane.

Attraction superflue.

24. *Muriate de chaux.*

Il se forme du . . . . . . { muriate d'ammoniaque.
sulfate de chaux.

Attraction superflue.

25. *Muriate de magnésie.*

Il se forme du . . . . . . { muriate de magnésie.
sulfate ammoniaco-magnésien.

Attraction nécessaire.

26. *Muriate ammoniaco-magnésien.*

Il se forme du . . . . . . { muriate d'ammoniaque.
sulfate ammoniaco-magnésien.

Attraction nécessaire.

27. *Muriate d'alumine.*

Il se forme du . . . . . . { muriate d'ammoniaque.
sulfate ammoniaco-alumineux ou alun ammoniacal.

Attraction nécessaire.

28. *Phosphate de barite.*

Il se forme du . . . . . . { phosphate d'ammoniaque.
sulfate de barite.

Attraction superflue.

29. *Phosphate de potasse.*

Il se forme du . . . . . . { phosphate d'ammoniaque.
sulfate de potasse.

Attraction superflue.

30. *Phosphate de soude.*

Il se forme du . . . . . . {phosphate d'ammoniaque. / sulfate de soude.

Attraction superflue.

31. *Phosphate de soude et d'ammoniaque.*

Il se forme du . . . . . . {phosphate d'ammoniaque. / sulfate de soude.

Attraction superflue.

32, 33, 34 et 35.

Les quatre *phosphites* des mêmes bases que les phosphates décomposent de même le sulfate d'ammoniaque; il se forme les mêmes sulfates que ci-dessus, et des phosphites au lieu de phosphates.

36. *Fluate de barite.*

Il se forme du . . . . . . {fluate d'ammoniaque. / sulfate de barite.

Attraction superflue.

37. *Fluate de strontiane.*

Il se forme du . . . . . . {fluate d'ammoniaque. / sulfate de strontiane.

Attraction superflue.

38. *Fluate de potasse.*

Il se forme du . . . . . . {fluate d'ammoniaque. / sulfate de potasse.

Attraction superflue.

39. *Fluate de soude.*

Il se forme du . . . . . . { fluate d'ammoniaque.
sulfate de soude.

Attraction superflue.

40. *Fluate de soude silicé.*

Il se forme du . . . . . . { fluate ammoniaco-silicé.
sulfate de soude.

Attraction superflue.

41. *Borate de barite.*

Il se forme du . . . . . . { borate ammoniacal.
sulfate de barite.

Attraction superflue.

42. *Borate de potasse.*

Il se forme du . . . . . . { borate d'ammoniaque.
sulfate de potasse.

Attraction superflue.

43. *Borate de soude.*

Il se forme du . . . . . . { borate d'ammoniaque.
sulfate de soude.

Attraction superflue.

44. *Carbonate de barite.*

Il se forme du . . . . . . { carbonate d'ammoniaque.
sulfate de barite.

Attraction superflue.

45. *Carbonate de strontiane ?*

Il se forme du . . . . . . { carbonate d'ammoniaque.
sulfate de strontiane. }

Attraction superflue.

46. *Carbonate de chaux.*

A chaud, il se forme du . . { carbonate d'ammoniaque.
sulfate de chaux. }

Attraction nécessaire.

47. *Carbonate de potasse.*

Il se forme du . . . . . . { carbonate d'ammoniaque.
sulfate de potasse. }

Attraction superflue.

48. *Carbonate de soude.*

Il se forme du . . . . . . { carbonate d'ammoniaque.
sulfate de soude. }

Attraction superflue.

49. *Carbonate de magnésie.*

A chaud, il se forme du . . { carbonate d'ammoniaque.
sulfate de magnésie. }

Attraction nécessaire.

VIII. SULFATE DE MAGNÉSIE.

Est décomposé par les 45 suivans.

1. *Sulfite de barite.*

Il se forme du . . . . . . { sulfite de magnésie. / sulfate de barite. }

Attraction superflue.

2. *Sulfite de potasse.*

Il se forme du . . . . . . { sulfite de magnésie. / sulfate de potasse. }

Attraction superflue.

3. *Sulfite de soude.*

Il se forme du . . . . . . { sulfite de magnésie. / sulfate de soude. }

Attraction superflue.

4. *Sulfite de strontiane.*

Il se forme du . . . . . . { sulfite de magnésie. / sulfate de strontiane. }

Attraction superflue.

5. *Sulfite d'ammoniaque.*

Il se forme du . . . . . . { sulfite de magnésie. / sulfate ammoniaco-magnésien. }

Attraction nécessaire.

6. *Nitrate de barite.*

Il se forme du . . . . . . { nitrate de magnésie. / sulfate de barite.

Attraction superflue.

7. *Nitrate de potasse.*

Il se forme du . . . . . . { nitrate de magnésie. / sulfate de potasse.

Attraction superflue.

8. *Nitrate de soude.*

Il se forme du . . . . . . { nitrate de magnésie. / sulfate de soude.

Attraction superflue.

9. *Nitrate de strontiane.*

Il se forme du . . . . . . { nitrate de magnésie. / sulfate de strontiane.

Attraction superflue.

10. *Nitrate de chaux.*

Il se forme du . . . . . . { nitrate de magnésie. / sulfate de chaux.

Attraction superflue.

11. *Nitrate d'ammoniaque.*

Il se forme du . . . . . . { nitrate de magnésie. / sulfate ammoniaco-magnésien.

Attraction nécessaire.

12, 13, 14, 15, 16 et 17.

Les six *nitrites* des mêmes bases que les nitrates précédens agissent comme eux sur le sulfate de magnésie et le décomposent de même. Il se forme constamment du nitrite de magnésie dans les décompositions, et des sulfates divers suivant les espèces de nitrites employées.

18. *Muriate de barite.*

Il se forme du . . . . . . { muriate de magnésie. / sulfate de barite.

Attraction superflue.

19. *Muriate de strontiane.*

Il se forme du . . . . . . { muriate de magnésie. / sulfate de strontiane.

Attraction superflue.

20. *Muriate de chaux.*

Il se forme du . . . . . . { muriate de magnésie. / sulfate de chaux.

Attraction superflue.

21. *Phosphate de barite.*

Il se forme du . . . . . . { phosphate de magnésie. / sulfate de barite.

Attraction superflue.

22. *Phosphate de potasse.*

Il se forme du . . . . . . { phosphate de magnésie. / sulfate de potasse.

Attraction superflue.

23. *Phosphate de soude.*

Il se forme du . . . . . . { phosphate de magnésie.
sulfate de soude.

Attraction superflue.

24. *Phosphate de strontiane ?*

Il se forme du . . . . . . { phosphate de magnésie.
sulfate de strontiane.

Attraction superflue.

25. *Phosphate d'ammoniaque.*

Il se forme du . . . . . . { phosphate de magnésie.
sulfate ammoniaco-magnésien.

Attraction superflue.

26, 27, 28, 29 et 30.

Les cinq *phosphites* analogues par leurs bases aux cinq phosphates précédens, décomposent de la même manière le sulfate de magnésie. Il se forme du phosphite de magnésie.

31. *Fluate de barite.*

Il se forme du . . . . . . { fluate de magnésie.
sulfate de barite.

Attraction superflue.

32. *Fluate de strontiane.*

Il se forme du . . . . . . { fluate de magnésie.
sulfate de strontiane.

Attraction superflue.

33. *Fluate de potasse.*

Il se forme du . . . . . . { fluate de magnésie.
sulfate de potasse.

Attraction superflue.

34. *Fluate de soude.*

Il se forme du . . . . . . { fluate de magnésie.
sulfate de soude.

Attraction superflue.

35. *Fluate d'ammoniaque ?*

Il se forme du . . . . . . { fluate de magnésie.
sulfate d'ammoniaque.

Attraction nécessaire.

36. *Borate de barite.*

Il se forme du . . . . . . { borate de magnésie.
sulfate de barite.

Attraction superflue.

37. *Borate de strontiane.*

Il se forme du . . . . . . { borate de magnésie.
sulfate de strontiane.

Attraction superflue.

38. *Borate de potasse.*

Il se forme du . . . . . . { borate magnésien.
sulfate de potasse.

Attraction superflue.

39. *Borate de soude.*

Il se forme du . . . . . . { borate de magnésie. / sulfate de soude.

Attraction superflue.

40. *Borate d'ammoniaque.*

Il se forme du . . . . . . { borate magnésien. / sulfate ammoniaco-magnésien.

Attraction nécessaire.

41. *Carbonate de barite.*

Il se forme du . . . . . . { carbonate de magnésie. / sulfate de barite.

42. *Carbonate de strontiane.*

Il se forme du . . . . . . { carbonate de magnésie. / sulfate de strontiane.

Attraction superflue.

43. *Carbonate de chaux.*

Il se forme du . . . . . . { carbonate de magnésie. / sulfate de chaux.

Attraction superflue.

44. *Carbonate de potasse.*

Il se forme du . . . . . . { sulfate de potasse. / carbonate de magnésie.

Attraction superflue.

45. *Carbonate de soude.*

Il se forme du . . . . . . { sulfate de soude.
carbonate de magnésie.

Attraction superflue.

46. *Carbonate d'ammoniaque.*

Il se forme du . . . . . . { sulfate d'ammoniaque.
carbonate de magnésie.

Attraction nécessaire.

IX. SULFATE AMMONIACO-MAGNÉSIEN.

Est décomposé par les 41 suivans.

1. *Sulfite de barite.*

Il se forme du . . . . . . { sulfite triple.
sulfate de barite.

Attraction superflue.

2. *Sulfite de potasse.*

Il se forme du . . . . . . { sulfite triple.
sulfate de potasse.

Attraction superflue.

3. *Sulfite de soude.*

Il se forme du . . . . . . { sulfite triple.
sulfate de soude.

Attraction superflue.

4. *Sulfite de strontiane.*

Il se forme du . . . . . . { sulfite triple.
sulfate de strontiane.

Attraction superflue.

5. *Nitrate de barite.*

Il se forme du . . . . . . { nitrate triple.
sulfate de barite.

Attraction superflue.

6. *Nitrate de potasse.*

Il se forme du . . . . . . { nitrate triple.
sulfate de potasse.

Attraction superflue.

7. *Nitrate de soude.*

Il se forme du . . . . . . { nitrate triple.
sulfate de soude.

Attraction superflue.

8. *Nitrate de strontiane.*

Il se forme du . . . . . . { nitrate triple.
sulfate de strontiane.

Attraction superflue.

9. *Nitrate de chaux.*

Il se forme du . . . . . . { nitrate triple.
sulfate de chaux.

Attraction superflue.

10, 11, 12, 13, 14.

Les cinq *nitrites* des mêmes bases que les nitrates précédens décomposent comme eux le sulfate ammoniaco-magnésien ; il se forme des nitrites triples et les mêmes sulfates que ci-dessus.

15. *Muriate de barite.*

Il se forme du . . . . . . { muriate triple.
sulfate de barite.

Attraction superflue.

16. *Muriate de potasse.*

Il se forme du . . . . . . { muriate triple.
sulfate de potasse.

Attraction superflue.

17. *Muriate de soude.*

Il se forme du . . . . . . { muriate triple.
sulfate de soude.

Attraction superflue.

18. *Muriate de strontiane.*

Il se forme du . . . . . . { muriate triple.
sulfate de strontiane.

Attraction superflue.

19. *Muriate de chaux.*

Il se forme du . . . . . . { muriate triple.
sulfate de chaux.

Attraction superflue.

20. *Phosphate de barite.*

Il se forme du . . . . . . { phosphate triple. / sulfate de barite.

Attraction superflue.

21. *Phosphate de potasse.*

Il se forme du . . . . . . { phosphate triple. / sulfate de potasse.

Attraction superflue.

22. *Phosphate de soude.*

Il se forme du . . . . . . { phosphate triple. / sulfate de soude.

Attraction superflue.

23, 24, 25.

Les trois *phosphites* des mêmes bases que les phosphates précédens décomposent comme eux le sulfate ammoniaco-magnésien.

26. *Fluate de barite.*

Il se forme du . . . . . . { fluate triple. / sulfate de barite.

Attraction superflue.

27. *Fluate de strontiane.*

Il se forme du . . . . . . { fluate triple. / sulfate de strontiane.

Attraction superflue.

28. *Fluate de potasse.*

Il se forme du . . . . { fluate triple.
sulfate de potasse.

Attraction superflue.

29. *Fluate de soude.*

Il se forme du . . . . . . { fluate triple.
sulfate de soude.

Attraction superflue.

30. *Fluate d'ammoniaque?*

Il se forme du . . . . . . { fluate de magnésie.
sulfate d'ammoniaque.

Attraction nécessaire.

31. *Borate de barite.*

Il se forme du . . . . . . { borate triple.
sulfate de barite.

Attraction superflue.

32. *Borate de strontiane.*

Il se forme du . . . . . . { borate triple.
sulfate de strontiane.

Attraction superflue.

33. *Borate de potasse.*

Il se forme du . . . . . . { borate triple.
sulfate de potasse.

Attraction superflue.

34. *Borate de soude.*

Il se forme du . . . . . . { borate triple. / sulfate de soude.

Attraction superflue.

35. *Borate d'ammoniaque?*

Il se forme du . . . . . . { sulfate ammoniacal. / borate de magnésie.

Attraction nécessaire.

36. *Carbonate de barite.*

Il se forme du . . . . . . { carbonate triple. / sulfate de barite.

Attraction superflue.

37. *Carbonate de strontiane.*

Il se forme du . . . . . . { carbonate triple. / sulfate de strontiane.

Attraction superflue.

38. *Carbonate de chaux.*

Non à froid.

A chaud, il se forme du . . { carbonate d'ammoniaque. / carbonate de magnésie. / sulfate de chaux.

Attraction nécessaire.

39. *Carbonate de potasse.*

Il se forme du . . . . , . { carbonate triple. / sulfate de potasse.

Attraction superflue.

40. *Carbonate de soude.*

Il se forme du . . . . . . { carbonate triple.
sulfate de soude.

Attraction superflue.

41. *Carbonate de magnésie.*

A chaud, il se forme du . . { carbonate d'ammoniaque.
sulfate de magnésie.

Attraction nécessaire.

X. SULFATE DE GLUCINE.

Est décomposé par les 56 suivans.

1. *Sulfite de barite.*

Il se forme du . . . . . . { sulfite de glucine.
sulfate de barite.

Attraction superflue.

2. *Sulfite de potasse.*

Il se forme du . . . . . . { sulfite de glucine.
sulfate de potasse.

Attraction superflue.

3. *Sulfite de soude.*

Il se forme du . . . . . . { sulfite de glucine.
sulfate de soude.

Attraction superflue.

4. *Sulfite de strontiane.*

Il se forme du . . . . . . {sulfite de glucine.
sulfate de strontiane.

Attraction superflue.

5. *Nitrate de barite.*

Il se forme du . . . . . . {nitrate de glucine.
sulfate de barite.

Attraction superflue.

6. *Nitrate de potasse.*

Il se forme du . . . . . . {nitrate de glucine.
sulfate de potasse.

Attraction superflue.

7. *Nitrate de soude.*

Il se forme du . . . . . . {nitrate de glucine.
sulfate de soude.

Attraction superflue.

8. *Nitrate de strontiane.*

Il se forme du . . . . . . {nitrate de glucine.
sulfate de strontiane.

Attraction superflue.

9. *Nitrate de chaux.*

Il se forme du . . . . . . {nitrate de glucine.
sulfate de chaux.

Attraction superflue.

10. *Nitrate d'ammoniaque.*

Il se forme du . . . . . . { nitrate de glucine.
sulfate d'ammoniaque.

Attraction superflue.

11. *Nitrate de magnésie.*

Il se forme du . . . . . . { nitrate de glucine.
sulfate de magnésie.

Attraction superflue.

12. *Nitrate ammoniaco-magnésien.*

Il se forme du . . . . . . { nitrate de glucine.
sulfate ammoniaco-magnésien.

Attraction superflue.

13, 14, 15, 16, 17, 18, 19, 20.

Les huit *nitrites* des mêmes bases que les nitrates précédens, décomposent le sulfate de glucine comme eux. Il se forme des nitrites au lieu de nitrates, et on a les mêmes sulfates que ci-dessus.

21. *Muriate de barite.*

Il se forme du . . . . . . { muriate de glucine.
sulfate de barite.

Attraction superflue.

22. *Muriate de potasse.*

Il se forme du . . . . . . { muriate de glucine.
sulfate de potasse.

Attraction superflue.

23. *Muriate de soude.*

Il se forme du . . . . . . { muriate de glucine.
sulfate de soude.

Attraction superflue.

24. *Muriate de strontiane.*

Il se forme du . . . . . . { muriate de glucine.
sulfate de strontiane.

Attraction superflue.

25. *Muriate de chaux.*

Il se forme du . . . . . . { muriate de glucine.
sulfate de chaux.

Attraction superflue.

26. *Muriate d'ammoniaque.*

Il se forme du . . . . . . { muriate de glucine.
sulfate d'ammoniaque.

Attraction superflue.

27. *Muriate de magnésie.*

Il se forme du . . . . . . { muriate de glucine.
sulfate de magnésie.

Attraction superflue.

28. *Muriate ammoniaco-magnésien.*

Il se forme du . . . . . . { muriate de glucine.
sulfate ammoniaco-magnésien.

Attraction superflue.

29. *Phosphate de barite.*

Il se forme du . . . . . . { phosphate de glucine.
sulfate de barite.

Attraction superflue.

30. *Phosphate de strontiane ?*

Il se forme du . . . . . . { phosphate de glucine.
sulfate de strontiane.

Attraction superflue.

31. *Phosphate de potasse.*

Il se forme du . . . . . . { phosphate de glucine.
sulfate de potasse.

Attraction superflue.

32. *Phosphate de soude.*

Il se forme du . . . . . . { phosphate de glucine.
sulfate de soude.

Attraction superflue.

33. *Phosphate d'ammoniaque.*

Il se forme du . . . . . . { phosphate de glucine.
sulfate d'ammoniaque.

Attraction superflue.

34. *Phosphate de magnésie.*

Il se forme du . . . . . . { phosphate de glucine.
sulfate de magnésie.

Attraction superflue.

35, 36, 37, 38, 39.

Les six *phosphites* des mêmes bases que les phosphates précédens décomposent également le sulfate de glucine ; il se forme des phosphites au lieu de phosphates.

40. *Fluate de barite.*

Il se forme du . . . . . . { fluate de glucine. / sulfate de barite.

Attraction superflue.

41. *Fluate de strontiane.*

Il se forme du . . . . . . { fluate de glucine. / sulfate de strontiane.

Attraction superflue.

42. *Fluate de magnésie.*

Il se forme du . . . . . . { fluate de glucine. / sulfate de magnésie.

Attraction superflue.

43. *Fluate de potasse.*

Il se forme du . . . . . . { fluate de glucine. / sulfate de potasse.

Attraction superflue.

44. *Fluate de soude.*

Il se forme du . . . . . . { fluate de glucine. / sulfate de soude.

Attraction superflue.

45. *Fluate d'ammoniaque.*

Il se forme du . . . . . . { fluate de glucine.
sulfate d'ammoniaque.

Attraction superflue.

46. *Borate de barite.*

Il se forme du . . . . . . { borate de glucine.
sulfate de barite.

Attraction superflue.

47. *Borate de potasse.*

Il se forme du . . . . . . { borate de glucine.
sulfate de potasse.

Attraction superflue.

48. *Borate de soude.*

Il se forme du . . . . . . { borate de glucine.
sulfate de soude.

Attraction superflue.

49. *Borate d'ammoniaque.*

Il se forme du . . . . . . { borate de glucine.
sulfate d'ammoniaque.

Attraction superflue.

50. *Carbonate de barite.*

Il se forme du . . . . . . { carbonate de glucine.
sulfate de barite.

Attraction superflue.

51. *Carbonate de strontiane.*

Il se forme du . . . . . . { carbonate de glucine. / sulfate de strontiane.

Attraction superflue.

52. *Carbonate de chaux.*

Il se forme du . . . . . . { carbonate de glucine. / sulfate de chaux.

Attraction superflue.

53. *Carbonate de potasse.*

Il se forme du . . . . . . { carbonate de glucine. / sulfate de potasse.

Attraction superflue.

54. *Carbonate de soude.*

Il se forme du . . . . . . { sulfate de soude. / carbonate de glucine.

Attraction superflue.

55. *Carbonate de magnésie.*

Il se forme du . . . . . . { sulfate de magnésie. / carbonate de glucine.

Attraction superflue.

56. *Carbonate d'ammoniaque.*

Il se forme du . . . . . . { sulfate d'ammoniaque. / carbonate de glucine.

Attraction superflue.

XI. SULFATE D'ALUMINE.

Se décompose par les 64 suivans.

1. *Sulfite de barite.*

Il se forme du . . . . . . { sulfite d'alumine. sulfate de barite.

Attraction superflue.

2. *Sulfite de potasse.*

Il se forme du . . . . . . { sulfite d'alumine. sulfate de potasse.

Attraction superflue.

3. *Sulfite de soude.*

Il se forme du . . . . . . { sulfite d'alumine. sulfate de soude.

Attraction superflue.

4. *Sulfite de strontiane.*

Il se forme du . . . . . . { sulfite alumineux. sulfate de strontiane.

Attraction superflue.

5. *Sulfite d'ammoniaque.*

Il se forme du . . . . . . { sulfite alumineux. sulfate d'ammoniaque.

Attraction superflue.

6. *Sulfite de magnésie.*

Il se forme du . . . . . . { sulfite alumineux. / sulfate de magnésie.

Attraction superflue.

7. *Sulfite ammoniaco-magnésien.*

Il se forme du . . . . . . { sulfite alumineux. / sulfate ammoniaco-magnésien.

Attraction superflue.

8. *Sulfite de glucine ?*

Il se forme du . . . . . . { sulfite alumineux.

Attraction superflue.

9. *Nitrate de barite.*

Il se forme du . . . . . . { nitrate d'alumine. / sulfate de barite.

Attraction superflue.

10. *Nitrate de potasse.*

Il se décompose en partie et jusqu'à formation d'alun ou de sulfate acide d'alumine et de potasse.

11. *Nitrate de soude.*

Il se forme du . . . . . . { nitrate d'alumine. / sulfate de soude.

Attraction superflue.

12. *Nitrate de strontiane.*

Il se forme du . . . . . . { nitrate d'alumine.
sulfate de strontiane.

Attraction superflue.

13. *Nitrate de chaux.*

Il se forme du . . . . . . { nitrate d'alumine.
sulfate de chaux.

Attraction superflue.

14. *Nitrate d'ammoniaque.*

Il se forme du . . . . . . { nitrate d'alumine.
sulfate d'ammoniaque.

Attraction superflue.

15. *Nitrate de magnésie.*

Il se forme du . . . . . . { nitrate d'alumine.
sulfate de magnesie.

Attraction superflue.

16. *Nitrate ammoniaco-magnésien.*

Il se forme du . . . . . . { nitrate d'alumine.
sulfate triple ammoniaco-magnésien.

Cette décomposition est limitée.

Attraction superflue.

17, 18, 19, 20, 21, 22, 23 et 24.

Les huit nitrites des mêmes bases que les nitrates précédens paraissent décomposer comme eux le sulfate d'alumine.

25. *Muriate de barite.*

Il se forme du . . . . . . { muriate d'alumine.
sulfate de barite.

Attraction superflue.

26. *Muriate de potasse.*

Il se forme du . . . . . . { muriate d'alumine.
sulfate de potasse.

Attraction superflue.

27. *Muriate de soude.*

Il se forme du . . . . . . { muriate d'alumine.
sulfate de soude.

Attraction superflue.

28. *Muriate de strontiane.*

Il se forme du . . . . . . { muriate d'alumine.
sulfate de strontiane.

Attraction superflue.

29. *Muriate de chaux.*

Il se forme du . . . . . . { muriate d'alumine.
sulfate de chaux.

Attraction superflue.

30. *Muriate d'ammoniaque.*

Il se forme du . . . . . . { muriate d'alumine.
sulfate d'ammoniaque.

31. *Muriate de magnésie.*

Il se forme du . . . . . . { muriate d'alumine. sulfate de magnésie.

Attraction superflue.

32. *Muriate ammoniaco-magnésien.*

Il se forme du . . . . . . { muriate d'alumine. sulfate ammoniaco-magnésien et alun ammoniaqué.

Attraction superflue.

33. *Muriate de glucine.*

Il se forme du . . . . . . { muriate d'alumine. sulfate de glucine.

Attraction superflue.

34. *Phosphate de barite.*

Il se forme du . . . . . . { phosphate d'alumine. sulfate de barite.

Attraction superflue.

35. *Phosphate de potasse.*

Il se forme du . . . . . . { phosphate d'alumine. sulfate de potasse.

Attraction superflue.

36. *Phosphate de soude.*

Il se forme du . . . . . . { phosphate d'alumine. sulfate de soude.

Attraction superflue.

37. *Phosphate d'ammoniaque.*

Il se forme du . . . . . . { phosphate d'alumine.
sulfate d'ammoniaque.

Attraction superflue.

38. *Phosphate de magnésie?*

Il se forme du . . . . . . { phosphate d'alumine.
sulfate de magnésie.

Attraction superflue.

39. *Phosphate de glucine.*

Il se forme du . . . . . . { phosphate d'alumine.
sulfate de glucine.

Attraction superflue.

40, 41, 42, 43, 44 et 45.

Les six *phosphites* des mêmes bases que les phosphates précédens semblent être susceptibles de décomposer comme eux le sulfate d'alumine.

46. *Fluate de barite.*

Il se forme du . . . . . . { fluate d'alumine.
sulfate de barite.

Attraction superflue.

47. *Fluate de strontiane.*

Il se forme du . . . . . . { fluate d'alumine.
sulfate de strontiane.

Attraction superflue.

48. *Fluate de magnésie.*

Il se forme du . . . . . . { fluate d'alumine. / sulfate de magnésie.

Attraction superflue.

49. *Fluate de potasse.*

Il se forme du . . . . . . { fluate d'alumine. / sulfate de potasse.

Attraction superflue.

50. *Fluate de soude.*

Il se forme du . . . . . . { fluate d'alumine. / sulfate de soude.

Attraction superflue.

51. *Fluate d'ammoniaque.*

Il se forme du . . . . . . { fluate d'alumine. / sulfate d'ammoniaque.

Attraction superflue.

52. *Fluate de glucine ?*

Il se forme du . . . . . . { fluate d'alumine. / sulfate de glucine.

Attraction superflue.

53. *Borate de barite.*

Il se forme du . . . . . . { borate d'alumine. / sulfate de barite.

Attraction superflue.

54. *Borate de potasse.*

Il se forme du . . . . . . { borate d'alumine. / sulfate de potasse et alun.

Attraction superflue.

55. *Borate de soude.*

Il se forme du . . . . . . { borate d'alumine. / sulfate de soude.

Attraction superflue.

56. *Borate d'ammoniaque.*

Il se forme du . . . . . . { borate d'alumine. / sulfate d'ammoniaque et alun ammoniaqué.

Attraction superflue.

57, 58, 59, 60, 61, 62, 63 et 64.

Les carbonates de barite, de strontiane, de chaux, de potasse, de soude, de magnésie, d'ammoniaque et de glucine, décomposent le sulfate d'alumine, et forment du carbonate d'alumine et des sulfates de chacune de ces bases.

XII et XIII.

Les Sulfates acides et acidules d'alumine se comportent comme le précédent avec les autres sels, et présentent chacun les 64 décompositions doubles énoncées ci-dessus.

XIV. Sulfate de zircone.

Est décomposé par les 76 suivans :

1, 2, 3, 4, 5, 6, 7, 8 et 9.

Les sulfites de barite, de potasse, de soude, de strontiane d'ammoniaque, de magnésie, ammoniaco-magnésien, de glucine et d'alumine; en un mot, tous les sulfites, excepté ceux de chaux et de zircone, décomposent le sulfate de zircone.

Toutes ces décompositions n'ont lieu que par attractions doubles superflues, parce que toutes les bases de ces sulfites ont plus d'attraction avec l'acide sulfurique qu'avec la zircone; il se forme toujours un sulfite de zircone, et le sulfate de la même base que celle du sulfite décomposant.

10, 11, 12, 13, 14, 15, 16, 17, 18 et 19.

Les dix premières espèces de nitrates, ou tous les nitrates, excepté seulement l'espèce à base de zircone, décomposent aussi le sulfate de zircone par attractions doubles et superflues; il se forme dans les dix décompositions du nitrate de zircone et un sulfate à base diverse, suivant le nitrate décomposant.

20, 21, 22, 23, 24, 25, 26, 27, 28 et 29.

Il en est de même des dix *nitrites*. Il se forme du nitrite de zircone dans ces décompositions présumées d'après les lois connues des attractions électives.

30, 31, 32, 33, 34, 35, 36, 37, 38 et 39.

Les dix espèces de muriates formées par les bases plus attirées que la zircone par l'acide sulfurique comme par le muriatique, décomposent aussi le sulfate de zircone par attractions doubles et superflues. Il se forme dans tous ces cas du muriate de zircone, et les sulfates à bases correspondantes à celles des muriates décomposans.

40, 41, 42, 43, 44, 45, 46 et 47.

Les huit *phosphates* de barite, de strontiane, de potasse, de soude, d'ammoniaque, de magnésie, de glucine et d'alumine, tous les phosphates, en un mot, excepté ceux de chaux et de zircone, décomposent le sulfate zirconien. Les attractions doubles sont ici toutes superflues; il se forme constamment du phosphate de zircone, et des sulfates divers suivant les espèces de phosphates décomposans.

48, 49, 50, 51, 52, 53, 54 et 55.

Il en est de même des huit *phosphites* qui suivent; excepté celui de chaux, tous décomposent le sulfate de zircone par attractions doubles superflues. Il se forme toujours du phosphite de zircone.

56, 57, 58, 59, 60, 61 et 62.

Les sept *sulfates* de barite, de strontiane, de magnésie, de potasse, de soude, d'ammoniaque et de glucine, décomposent le sulfate de zircone, par attractions doubles et superflues. Il n'y a que celui de chaux qui ne le décompose pas, il se forme un fluate d'alumine dans toutes ces décompositions.

63, 64, 65, 66 et 67.

Les cinq *borates* de barite, de strontiane, de potasse, de soude et d'ammoniaque décomposent le sulfate de zircone.

Les borates de chaux et de magnésie ne paraissent pas susceptibles d'agir comme les précédens.

On ignore entièrement l'action des borates d'alumine et de glucine encore inconnus.

Il se forme constamment du borate de zircone dans les décompositions annoncées.

68, 69, 70, 71, 72, 73, 74, 75 et 76.

Les espèces de carbonates à bases de barite, de strontiane, de chaux, de potasse, de soude, de magnésie, d'ammoniaque, de glucine et d'alumine décomposent le sulfate de zircone par attractions doubles superflues. Il se forme constamment du carbonate de zircone dans ces neuf décompositions, et des sulfates divers suivant les bases des carbonates employés pour les opérer.

XV. Sulfite de barite.

Est décomposé par les 27 suivans, outre les 13 sulfates déja indiqués.

Nota. On ne traitera plus les sulfites par les sulfates, parce que ceux-ci déja examinés dans les 14 espèces précédentes, feraient ici un double emploi.

1. *Nitrate de strontiane.*

Il se forme du . . . . . . { nitrate de barite.
sulfite de strontiane.

Attraction nécessaire.

2. *Nitrite de strontiane ?*

Il se forme du . . . . . . { nitrate de barite.
sulfite de strontiane.

Attraction nécessaire.

3. *Muriate de strontiane.*

Il se forme du . . . . . . { muriate de barite.
sulfite de strontiane.

Attraction nécessaire.

4, 5, 6, 7, 8, 9, 10, 11, 12, 13 et 14.

Sur les quatorze espèces de phosphates que j'ai fait connaître, il y en a douze qui décomposent le sulfite de barite. Les phosphates de barite, de chaux et de silice sont les seuls exceptés. Toutes les attractions doubles sont ici superflues, puisque l'acide phosphorique seul décompose tous les sulfites.

Il se forme constamment du phosphite de barite dans ces décompositions; les sulfites formés varient d'après les bases des phosphates employés.

Le phosphate acide de chaux n'agit que jusqu'à l'absorption de son acide excédent.

15, 16, 17, 18, 19, 20, 21, 22 et 23.

Les neuf espèces de phosphites répondant aux phosphates précédens, excepté à l'espèce acide calcaire, à celle de soude et d'ammoniaque, et à celle de silice, qu'on ne connaît pas dans ce genre comme dans les phosphates, décomposent le sulfite de barite. Il se forme du phosphite de barite au lieu de phosphate. Les attractions sont toutes superflues.

24. *Fluate de strontiane ?*

Il se forme du . . . . . . { fluate de barite.
sulfite de strontiane.

Attraction superflue.

Aucun borate ne décompose ce sel.

Trois carbonates seulement en opèrent la décomposition ; savoir,

25. *Carbonate de potasse.*

Il se forme du . . . . . . {sulfite de potasse. / carbonate de barite.}

Attraction nécessaire.

26. *Carbonate de soude.*

Il se forme du . . . . . . {sulfite de soude. / carbonate de barite.}

Attraction nécessaire.

27. *Carbonate d'ammoniaque.*

Il se forme du . . . . . . {sulfite d'ammoniaque. / carbonate de barite.}

Attraction nécessaire.

XVI. Sulfite de chaux.

Est décomposé par les 25 suivans.

Il n'est décomposé par aucun sulfate, comme on l'a vu dans les quatorze espèces de ce genre traitées ci-dessus.

Aucun nitrate, ni aucun nitrite ne le décomposent.

Aucun muriate ne le décompose.

1, 2, 3, 4, 5, 6, 7, 8, 9, 10, 11, 12.

Douze *phosphates* décomposent le sulfite de chaux. Il n'y a que celui à base de chaux, le phosphate acide calcaire et celui de silice qui ne le décomposent pas.

13, 14, 15, 16, 17 et 18.

Six espèces de fluates, celles à bases de barite, de strontiane, de magnésie, de potasse, de soude et d'ammoniaque, décomposent le sulfite de chaux. Il se forme du sulfite calcaire.

19. *Borate de strontiane?*

Il se forme du . . . . . . { borate de chaux.
sulfite de strontiane.

Attraction superflue.

20. *Borate de magnésie?*

Il se forme du . . . . . . { sulfite de magnésie.
borate de chaux.

Attraction nécessaire.

21, 22, 23, 24 et 25.

Cinq *carbonates*, savoir : ceux de barite, de strontiane, de potasse, de soude et d'ammoniaque décomposent le sulfite de chaux; il se forme du carbonate de chaux. Les attractions doubles sont presque toutes nécessaires. Les sulfites formés varient suivant la base des carbonates employés à cette décomposition.

XVII. SULFITE DE POTASSE.

Est décomposé par les 53 suivans, outre les douze *sulfates* indiqués.

1, 2, 3, 4, 5, 6, 7, 8 et 9.

Les nitrates de barite, de soude, de strontiane, de chaux, de magnésie, ammoniaco-magnésien, de glucine, d'alumine et de zircone, décomposent le sulfite de potasse. Il se forme constamment du nitrate de potasse dans ces décompositions, toutes opérées par une attraction superflue, puisque l'acide nitrique est plus fort que le sulfureux.

10, 11, 12, 13, 14, 15, 16, 17 et 18.

Les nitrites des mêmes bases que les nitrates précédens opèrent les mêmes décompositions qu'eux.

19, 20, 21, 22, 23, 24, 25, 26, 27 et 28.

Dix *muriates*, ceux de barite, de soude, de strontiane, de chaux, d'ammoniaque, de magnésie, ammoniaco-magnésien, de glucine, décomposent le sulfite de potasse. Il se forme du muriate de potasse et des sulfates variés.

29, 30, 31, 32, 33, 34, 35, 38 et 39.

Neuf *phosphates* décomposent le sulfite de chaux; il n'y a que ceux de barite, de chaux, de strontiane et de potasse qui ne le décomposent pas.

40, 41, 42, 43, 44, 45, 46 et 47.

Huit *phosphites* semblables aux phosphates par leurs bases, excepté celui de soude et d'ammoniaque que l'on ne connaît pas, décomposent le sulfite de potasse.

48, 49, 50, 51 et 52.

Cinq *fluates*, ceux de barite, de strontiane, de magnésie, de soude et d'ammoniaque, décomposent le sulfite de potasse. Il se forme du fluate de potasse dans ces décompositions.

Aucun borate n'est connu pour décomposer ce sel.

53. *Carbonate de soude.*

Il se forme du . . . . . . {carbonate de potasse.
sulfite de soude.}

Attraction nécessaire.

XVIII. SULFITE DE SOUDE.

Est décomposé par les 45 suivans, outre les douze *sulfates* indiqués.

1, 2, 3, 4, 5, 6, 7 et 8.

Huit *nitrates*, savoir, ceux à base de barite, de strontiane, de chaux, de magnésie, ammoniaco-magnésien, de glucine, d'alumine et de zircone, décomposent le sulfite de soude; il se forme du nitrate de soude de toutes ces décompositions opérées par une attraction superflue.

9, 10, 11, 12, 13, 14, 15 et 16.

Les huit *nitrites* des mêmes bases que les nitrates précédens paraissent décomposer de la même manière le sulfite de soude.

17, 18, 19, 20, 21, 22, 23, 24 et 25.

Tous les muriates, excepté ceux de potasse, de soude et de silice, décomposent le sulfite de soude par attraction superflue.

Il se forme constamment du muriate de soude et des sulfites à bases correspondantes aux muriates employés.

26, 27, 28, 29, 30, 31 et 32.

Les sept *phosphates*, à base de chaux, de magnésie, d'ammoniaque, ammoniaco-magnésien, de glucine, d'alumine et de zircone, décomposent le sulfite de soude par attractions superflues; il se forme constamment du phosphate de soude.

33, 34, 35, 36, 37, 38 et 39.

Je place les sept *phosphites* à bases sémblables aux précédens, comme décomposant le sulfite de soude.

40, 41, 42 et 43.

Il y a quatre espèces de sulfates, savoir, celles à base de barite, de strontiane, de magnésie et d'ammoniaque, qui décomposent le sulfite de soude.

44. *Borate de potasse.*

Il se forme du . . . . . . { sulfite de potasse. borate de soude.

Attraction superflue.

45. *Carbonate de potasse.*

Il se forme du . . . . . . { sulfite de potasse. carbonate de soude.

Attraction superflue.

XIX. SULFITE DE STRONTIANE.

Est décomposé par les 33 suivans, outre les neuf *sulfates* énoncés ci-dessus.

1. *Nitrate de chaux.*

Il se forme du . . . . . . { nitrate de strontiane. / sulfite de chaux.

Attraction superflue.

2. *Nitrate de magnésie.*

Il se forme du . . . . . . { nitrate de strontiane. / sulfite de magnésie.

Attraction superflue.

3. *Nitrate d'alumine.*

Il se forme du . . . . . . { nitrate de strontiane. / sulfite d'alumine.

Attraction superflue.

4. *Nitrate de zircone.*

Il se forme du . . . . . . { nitrate de strontiane. / sulfite de zircone.

Attraction superflue.

5, 6, 7, 8.

Les quatre *nitrites* des mêmes bases que les nitrates précédens agissent comme eux. Il se forme du nitrite de strontiane et des sulfites variés.

9. *Muriate de chaux ?*

Il se forme du . . . . . . { muriate de strontiane.
sulfite de chaux.

Attraction superflue.

10. *Muriate d'alumine.*

Il se forme du . . . . . . { muriate de strontiane.
sulfite d'alumine.

Attraction superflue.

11. *Muriate de zircone.*

Il se forme du . . . . . . { muriate de strontiane.
sulfite de zircone.

12, 13, 14, 15, 16, 17, 18, 19 et 20.

Les neuf *phosphates*, acide de chaux, de potasse, de soude, d'ammoniaque, de soude et d'ammoniaque, ammoniaco-magnésien, de glucine, d'alumine et de zircone, décomposent le sulfite de strontiane ; il se forme du phosphate de strontiane et des sulfites divers. C'est toujours par attractions superflues en raison de la faiblesse de l'acide sulfureux.

21, 22, 23, 24, 25, 26, 27 et 28.

Les huit *phosphites* des mêmes bases que les phosphates précédens, excepté le phosphite de soude et d'ammoniaque qu'on ne connaît pas, décomposent le sulfite de strontiane comme les phosphates.

On ignore entièrement l'action des fluates sur ce sel.

Aucun borate n'est connu comme capable de le décomposer.

29, 30, 31, 32 et 33.

Cinq *carbonates* paraissent susceptibles de le décomposer; savoir, les carbonates de barite, de chaux, de potasse, de soude et d'ammoniaque. Il se forme dans tous ces cas du carbonate de strontiane; les attractions doubles sont ici nécessaires pour les carbonates de chaux et d'ammoniaque, superflues pour les carbonates de barite, de potasse et de soude.

XX. Sulfite d'ammoniaque.

Est décomposé par les 43 suivans, outre les cinq *sulfates* précédens.

1, 2, 3, 4, 5, 6, 7 et 8.

Il y a huit *nitrates* qui décomposent le sulfite d'ammoniaque; savoir, les nitrates de barite, de strontiane, de chaux, de magnésie, ammoniaco-magnésien, de glucine, d'alumine et de zircone. Il se forme du nitrate d'ammoniaque et des sulfites divers, suivant les bases des nitrates décomposans. C'est toujours par attractions superflues.

9, 10, 11, 12, 13, 14, 15 et 16.

Les huit *nitrites* des mêmes bases que les nitrates précédens agissent comme eux sur le sulfite ammoniacal.

17, 18, 19, 20, 21, 22, 23 et 24.

Huit *muriates*, ceux à base de barite, de strontiane, de chaux, de magnésie, ammoniaco-magnésien, de glucine, d'alumine et de zircone, décomposent le sulfite ammoniacal. Il se forme par attractions doubles, mais superflues, du muriate d'ammoniaque et des sulfites divers.

25, 26, 27 et 28.

Quatre *phosphates* seulement, l'acide de chaux, et ceux de glucine, d'alumine et de zircone, décomposent le sulfite d'ammoniaque.

29, 30, 31 et 32.

Les quatre *phosphites* des mêmes bases opèrent également la décomposition du sulfite d'ammoniaque.

33, 34 et 35.

Trois *fluates*; savoir, ceux de barite, de strontiane et de magnésie, paraissent décomposer le sulfite d'ammoniaque.

36, 37, 38, 39 et 40.

Cinq *borates*, ceux de barite, de strontiane, de magnésie, de potasse et de soude, décomposent le sulfite d'ammoniaque.

41, 42, 43.

Trois *carbonates*, ceux de barite, de potasse et de soude seulement, sont susceptibles de décomposer le sulfite d'ammoniaque.

XXI. Sulfite de magnésie.

Est décomposé par les 42 suivans, outre les cinq *sulfates* indiqués.

1, 2, 3, 4 et 5.

Les cinq *nitrates* de barite, de chaux, de glucine, d'alumine et de zircone décomposent le sulfite de magnésie par attractions superflues. Il se forme du nitrate de magnésie et des sulfites divers.

6, 7, 8, 9 et 10.

Les cinq *nitrites* des mêmes bases que les nitrates précédens paraissent décomposer également le sulfite de magnésie.

11, 12, 13 et 14.

Quatre *muriates*, ceux de barite? de chaux? d'alumine et de zircone? paraissent décomposer le sulfite de magnésie.

15, 16, 17, 18, 19, 20, 21 et 22.

Huit espèces de *phosphates*, celles acide de chaux, de potasse, de soude, d'ammoniaque, ammoniaco-magnésien, de glucine, d'alumine et de zircone, paraissent décomposer le sulfite de magnésie.

23, 24, 25, 26, 27, 28, 29 et 30.

Il est vraisemblable que les huit *phosphites* des mêmes bases que les phosphates précédens décomposent aussi ce sel.

31. *Fluate de barite.*

Il se forme du . . . . . . { fluate de magnésie.
sulfite de barite.

Attraction superflue.

32. *Fluate de strontiane.*

Il se forme du . . . . . . { fluate de magnésie.
sulfite de strontiane.

Attraction superflue.

33, 34, 35, 36.

Quatre *borates*, ceux de strontiane, de potasse, de soude et d'ammoniaque décomposent le sulfite de magnésie.

37, 38, 39, 40, 41 et 42.

Six *carbonates*, ceux de barite, de strontiane, de chaux, de potasse, de soude et d'ammoniaque, décomposent le sulfite de magnésie presque tous par attractions superflues. Il se forme du carbonate de magnésie et des sulfites divers.

XXII. Sulfite ammoniaco-magnésien.

Est décomposé par les 48 suivans, outre les cinq *sulfates* indiqués.

1, 2, 3, 4, 5, 6, 7.

Les sept *nitrates* de barite, de strontiane, de chaux, de magnésie, de glucine, d'alumine et de zircone, décomposent le sulfite ammoniaco-magnésien. Il se forme du nitrate triple et des sulfites divers.

8, 9, 10, 11, 12, 13, 14.

Les sept *nitrites* des mêmes bases que les nitrates précédens décomposent de la même manière le sulfite ammoniaco-magnésien. Il se forme un nitrite triple et des sulfites de diverses bases, suivant les nitrites employés.

15, 16, 17, 18, 19, 20.

Six *muriates*, ceux de barite, de strontiane, de chaux, de glucine, d'alumine et de zircone, décomposent le sulfite ammoniaco-magnésien. Il se forme du muriate triple, et des sulfites variés suivant la nature des muriates employés.

21, 22, 23, 24, 25, 26, 27.

Sept *phosphates*; savoir, l'acide de chaux, ceux à base de potasse, de soude, d'ammoniaque, de glucine, d'alumine et de zircone, décomposent le sulfite ammoniaco-magnésien. Il se forme un phosphate triple et des sulfites différens, suivant les bases de phosphates qui servent à ces décompositions.

28, 29, 30, 31, 32, 33, 34.

Les sept *phosphates* des mêmes bases que les phosphates précédens décomposent également le sulfite ammoniaco-magnésien. Il en résulte un phosphite triple et des phosphites divers.

35, 36, 37.

Trois *fluates*, ceux de barite, de strontiane et de magnésie, décomposent le sulfite ammoniaco-magnésien. Il se forme un fluate à double base et trois sulfites variés.

38, 39, 40, 41, 42.

Cinq *borates*, ceux à base de strontiane, de magnésie, de potasse, de soude et d'ammoniaque, décomposent le sulfite triple.

43, 44, 45, 46, 47, 48.

Les six *carbonates* de barite, de strontiane, de chaux, de potasse, de soude et d'ammoniaque décomposent le sulfite ammoniaco-magnésien. Il se forme du carbonate de magnésie et d'ammoniaque, et des sulfites différens suivant les bases des carbonates employés à ces décompositions.

XXIII. Sulfite de glucine.

Est décomposé par les 36 suivans, outre les quatre *sulfates* énoncés ci-dessus.

1, 2, 3, 4.

Les quatre *nitrates* de barite, de chaux, d'alumine et de zircone décomposent le sulfite de glucine. Il se forme un nitrate de cette dernière base, et quatre *sulfites* divers.

5, 6, 7, 8.

Les quatre *nitrites* des mêmes bases que les nitrates précédens décomposent le sulfite de glucine.

9, 10, 11, 12, 13.

Les cinq *muriates* de barite, de strontiane, de chaux, d'alumine et de zircone décomposent le sulfite de glucine;

ils forment un muriate de cette dernière base et des sulfites variés.

14, 15, 16, 17, 18.

Les six *phosphates*, acide de chaux, de potasse, de soude, d'ammoniaque, d'alumine et de zircone, décomposent le sulfite de glucine.

19, 20, 21, 22, 23, 24.

Les six *phosphites* des mêmes bases que les phosphates précédens décomposent aussi le sulfite de glucine. Il se forme un phosphite de cette base au lieu d'un phosphate.

25. *Fluate de barite.*

Il se forme du . . . . . . { fluate de glucine.
sulfite de barite.

Attraction superflue.

26. *Fluate de strontiane.*

Il se forme du . . . . . . { fluate de glucine.
sulfite de strontiane.

Attraction superflue.

27, 28, 29.

Les trois *borates* de strontiane, de magnésie et d'ammoniaque décomposent le sulfite de glucine.

30, 31, 32, 33, 34, 35, 36.

Les sept *carbonates* de barite, de strontiane, de chaux, de potasse, de soude, de magnésie et d'ammoniaque, décomposent le sulfite de glucine.

XXIV. Sulfite d'alumine.

Est décomposé par les 24 suivans, outre le sulfate de zircone déja indiqué.

1. *Nitrate de barite.*

Il se forme du . . . . . . { nitrate d'alumine. / sulfite de barite.

Attraction superflue.

2. *Nitrate de chaux.*

Il se forme du . . . . . . { nitrate d'alumine. / sulfite de chaux.

Attraction superflue.

3. *Nitrate de zircone.*

Il se forme du . . . . . . { nitrate d'alumine. / sulfite de zircone.

Attraction nécessaire.

4, 5, 6.

Les trois *nitrites* de barite, de chaux et de zircone décomposent le sulfite d'alumine comme les précédens.

7, 8, 9.

Les muriates de barite, de chaux et de zircone décomposent le sulfite d'alumine. Il se forme du muriate d'alumine et des sulfites variés.

10, 11.

Il n'y a que les deux *phosphates* acide de chaux et de zircone qui puissent décomposer le sulfite d'alumine.

12, 13.

Les deux *phosphites* des mêmes bases opèrent vraisemblablement une égale décomposition de ce sel.

On ne connaît aucune action des fluates sur le sulfite d'alumine.

14, 15, 16.

Il y a lieu de croire que les borates de barite, de strontiane et de magnésie décomposent le sulfite d'alumine.

17, 18, 19, 20, 21, 22, 23, 24.

Les huit *carbonates* de barite, de strontiane, de chaux, de potasse, de soude, de magnésie, d'ammoniaque et de glucine décomposent le sulfite d'alumine. Il se forme du carbonate d'alumine et des sulfites divers.

XXV. SULFITE DE ZIRCONE.

Est décomposé par les 15 suivans.

1, 2. *Nitrates de barite et de chaux.*

Il se forme du . . . . . . { nitrate de zircone.
sulfite de barite ou de chaux.

Attraction superflue.

3, 4. *Nitrites de barite et de chaux.*

Il se forme du . . . . . . { nitrite de zircone.
sulfite de barite ou de chaux.

Attraction superflue.

5, 6, 7.

Muriates de barite, de strontiane et de chaux.

Attraction superflue.

Il se forme du muriate de zircone et des sulfites de barite, de strontiane ou de chaux.

On ignore l'action des phosphates sur le sulfite de chaux, ainsi que celle des phosphites.

On ignore également les doubles décompositions opérées sur le sulfite de zircone par les fluates et les borates.

8, 9, 10, 11, 12, 13, 14, 15.

Les huit *carbonates* de barite, de strontiane, de chaux, de potasse, de soude, de magnésie, d'ammoniaque et de glucine décomposent le sulfite de zircone. Il se forme du carbonate de zircone et des sulfites variés suivant la nature des carbonates décomposans.

XXVI. NITRATE DE BARITE.

Nota. L'action des nitrates sur les nitrites est absolument inconnue.

Action des muriates.

On ignore l'action des muriates suroxigénés sur ce sel; il est décomposé par les douze suivans (1) :

---

(1) Outre les 20 sulfates ou sulfites précédemment indiqués.

1, 2, 3.

Phosphates de potasse, de soude et d'ammoniaque, *attraction nécessaire*. Il se forme du phosphate de barite et des nitrates variés.

Les phosphites paraissent se comporter à peu près comme les phosphates.

4, 5, 6.

Parmi les fluates, il n'y a que ceux de potasse, de soude et d'ammoniaque qui paraissent lui faire éprouver quelques changemens; mais cette décomposition est encore incertaine.

7, 8, 9.

Borates de potasse, de soude, d'ammoniaque, *attraction nécessaire*. Il se forme des borates de barite et des nitrates à diverses bases.

10, 11, 12.

Les carbonates de potasse, de soude et d'ammoniaque le décomposent par *attraction nécessaire*, et donnent des carbonates de barite et des nitrates de potasse, de soude et d'ammoniaque.

XXVII. Nitrate de potasse.

Est décomposé par l'espèce suivante (1) :

1. *Muriate de barite.*

Il se forme du . . . . . . { muriate de potasse. / nitrate de barite.

Attraction superflue.

---

(1) Outre les 9 sulfates ou sulfites précédemment indiqués.

Action des muriates oxigènes inconnue.

Celle des phosphates, phosphites, fluates, borates et carbonates nulle ou peu connue.

XXVIII. Nitrate de soude.

Est décomposé par les six suivans (1) :

1, 2. *Muriate de barite et de potasse.*

Il se forme des . . . . . { muriates de soude.
nitrates de barite et de potasse.

Attraction superflue.

On ignore l'action des muriates suroxigénés sur le nitrate de soude.

3. Le phosphate de potasse le décompose.

Il se forme du . . . . . . { phosphate de soude.
nitrate de potasse.

Attraction superflue.

L'action des phosphites est à peu près comme celle des phosphates.

4. *Fluate de potasse.*

Il se forme du . . . . . . { fluate de soude.
nitrate de potasse.

Attraction superflue.

5. *Borate de potasse.*

Il se forme du . . . . . . { borate de soude.
nitrate de potasse.

Attraction superflue.

---

(1) Outre les 9 sulfates ou sulfites indiqués ci-dessus.

6. *Carbonate de potasse.*

Même action.

Il se forme du . . . . . . { carbonate de soude. / nitrate de potasse.

Attraction superflue.

XXIX. Nitrate de strontiane.

Il est décomposé par les dix-sept suivans, outre les quatorze sulfates ou sulfites précédens.

1, 2, 3.

Muriates de barite, de potasse et de soude.

Attraction superflue.

Il se forme des muriates de strontiane et des nitrates de barite, de potasse et de soude.

Action des muriates oxigénés inconnue.

4, 5, 6, 7.

Les phosphates de barite, de potasse, de soude et d'ammoniaque le décomposent, et on a des phosphates de strontiane et des nitrates variés.

(4, 5, 6 par *attraction superflue*: 7, par *attraction nécessaire.*)

8.

Le phosphate de soude et d'ammoniaque paraît décomposer le nitrate de strontiane comme chacun de ces sels isolés ?

Action des phosphites comme celle des phosphates.

9. *Fluate de potasse.*

Cette décomposition est vraisemblable ?

10, 11.

Les fluates de soude et d'ammoniaque décomposent le nitrate de strontiane, et on obtient des fluates de strontiane et des nitrates de soude et d'ammoniaque.

12, 13, 14.

Les borates de potasse, de soude et d'ammoniaque le décomposent comme ci-dessus; les 12 et 13 par *attraction superflue*; le 14 par *attraction nécessaire* : et il se forme des borates de strontiane et des nitrates à base variée.

15, 16, 17.

Carbonates de barite, potasse et soude : *Attraction superflue.* Il se forme du carbonate de strontiane et des nitrates de barite, potasse et soude, suivant le carbonate décomposant.

XXX. Nitrate de chaux.

Est décomposé par les vingt-cinq suivans; outre huit sulfates déja indiqués, et neuf sulfites cités plus haut.

1, 2, 3, 4.

Les muriates de barite, de potasse, de soude et de strontiane le décomposent par *attraction superflue*, et il se forme du muriate de chaux et des nitrates divers.

L'action des muriates oxigénés est inconnue.

5, 6, 7, 8, 9.

Les phosphates de barite, de strontiane, de potasse, de soude et d'ammoniaque le décomposent également; les premiers par *attraction superflue*, le dernier par *attraction nécessaire*, et il se forme du phosphate de chaux et des nitrates variés.

10.

Le phosphate de magnésie paraît décomposer le nitrate de chaux, et de cette décomposition il doit

résulter du . . . . { phosphate de chaux.
muriate de magnésie.

Les phosphites se comportent avec le nitrate de chaux comme les phosphates.

11.

Le fluate de barite paraît le décomposer.

12.

Le fluate de strontiane décompose le nitrate de chaux. *Attraction superflue..*

Il se forme du . . . . . . { fluate de chaux.
nitrate de strontiane.

13.

Fluate de magnésie; décomposition douteuse comme celle du fluate de barite ?

14, 15, 16.

Les fluates de potasse, de soude et d'ammoniaque le décomposent, et

il se forme du . . . . { fluate de chaux.
nitrate de potasse, de soude et d'ammoniaque.

17, 18, 19, 20, 21.

Les borates de barite, de strontiane, de potasse, soude et ammoniaque le décomposent et fournissent pour résultat des borates de chaux et des nitrates de barite, de strontiane, de potasse, de soude et d'ammoniaque.

22, 23, 24, 25.

Les carbonates de barite, de strontiane, de potasse et de soude décomposent le nitrate de chaux, et on obtient du carbonate de chaux et des nitrates à base variée.

XXXI. Nitrate d'ammoniaque.

Est décomposé par les quatorze suivans, outre les quatre sulfates ou sulfites déja nommés.

1, 2, 3, 4, 5.

Les muriates de barite, potasse, soude, strontiane et chaux décomposent le nitrate d'ammoniaque par *attraction superflue*. Il se forme des muriates d'ammoniaque et des nitrates divers, suivant le muriate employé.

Action des muriates suroxigénés inconnue.

6, 7.

Les phosphates de potasse et de soude.

Il se forme du . . . . . . { phosphate d'ammoniaque.
nitrate de potasse et de soude. }

Attraction superflue.

Action des phosphites à peu près semblable à celle des phosphates.

8, 9.

Les fluates de potasse et de soude le décomposent.

Il en résulte du . . . . . { fluate d'ammoniaque,
nitrate de potasse ou de soude.

Attraction superflue.

10, 11, 12.

Les borates de potasse, de soude et sursaturé de soude le décomposent.

Il en résulte du . . . . . { borate d'ammoniaque,
nitrate de potasse ou de soude.

13, 14.

Les carbonates de potasse et de soude décomposent le nitrate d'ammoniaque par *attraction superflue.*

Il en résulte du . . . . . { carbonate d'ammoniaque,
nitrate de potasse ou soude.

XXXII. Nitrate de magnésie.

Est décomposé par les vingt-un suivans, outre les neuf sulfates ou sulfites précédemment indiqués.

1, 2, 3, 4, 5.

Les muriates de barite, potasse, soude, strontiane et chaux décomposent le nitrate de magnésie par *attraction superflue*, et il résulte de cette décomposition du muriate de magnésie, et des nitrates à base variée.

6. *Muriate d'ammoniaque.*

Dans l'action de ce sel sur le nitrate de magnésie, il y a

partage réciproque des bases, et on obtient deux sels triples appelés . . . . . { muriate d'ammoniaque et de magnésie. / nitrate d'ammoniaque et de magnésie.

L'action des muriates oxigénés est inconnue.

7.

Le phosphate de barite semble décomposer le nitrate de magnésie ?

8.

Il en est ainsi de l'action du phosphate de strontiane ?

9, 10, 11.

Les phosphates de potasse, de soude et d'ammoniaque, décomposent le nitrate de magnésie par *attraction superflue*. Il en résulte des phosphates de magnésie et des nitrates variés, avec cette différence que le phosphate d'ammoniaque doit agir ici (comme n°. 6) et former deux sels triples ou *trisules*.

Les phosphites se comportent avec le nitrate de magnésie sensiblement comme les phosphates.

12.

Le fluate de barite le décompose par *attraction superflue*. Il en résulte du nitrate de barite et du fluate de magnésie.

13.

La décomposition de ce sel par le fluate de strontiane n'est que supposée ?

14, 15, 16.

Les fluates de potasse, de soude et d'ammoniaque décomposent le nitrate de magnésie par *attraction superflue*; il se forme du fluate de magnésie et des nitrates variés.

17.

Le borate de strontiane paraît devoir le décomposer?

18, 19.

Les borates de potasse et de soude le décomposent, et il se forme des nitrates de potasse et de soude.

20, 21.

Les carbonates de potasse et de soude décomposent le nitrate de magnésie par *attraction superflue*. Il se forme du carbonate de magnésie et des nitrates de potasse et de soude.

XXXIII. NITRATE AMMONIACO-MAGNÉSIEN.

Est décomposé par les vingt-un suivans, outre les sept sulfates ou sulfites déja indiqués.

1, 2, 3, 4, 5.

Les muriates de barite, de potasse, soude, strontiane, et chaux le décomposent par *attraction superflue*, et on obtient du muriate triple d'ammoniaque et de magnésie, et des nitrates de barite, potasse, soude, strontiane, ou chaux suivant le sel employé.

6.

Muriate d'ammoniaque; il paraît que son action se borne à un partage réciproque des bases.

L'action des muriates oxigénés est inconnue.

7.

Phosphate de barite : la présence de ce sel détermine la décomposition du nitrate ammoniaco-magnésien, seulement à cause de la magnésie ; il en résulte du nitrate de barite et du phosphate ammoniaco-magnésien.

8, 9.

Les phosphates de potasse et de soude décomposent totalement le nitrate ammoniaco-magnésien, et il doit en résulter des nitrates de potasse et de soude, et du phosphate ammoniaco-magnésien ?

10.

Le phosphate d'ammoniaque ne décompose ce sel que par rapport à la magnésie, de sorte qu'il doit rester, après cette action, du nitrate d'ammoniaque et du phosphate de magnésie.

L'action des phosphites est à-peu-près semblable à celle des phosphates.

11, 12.

Les fluates de barite et de strontiane décomposent ce sel en raison seulement de sa portion de magnésie, et il en résulte des nitrates de barite, de strontiane et un fluate triple.

13, 14, 15.

Les fluates de potasse, soude et ammoniaque décomposent ce sel par *attraction superflue*, et il se forme un fluate triple et des nitrates de potasse, de soude et d'ammoniaque.

16.

Le borate de strontiane décompose le nitrate ammoniaco-magnésien par rapport à la magnésie seulement ; il se forme du nitrate de strontiane et un borate triple d'ammoniaque et de magnésie.

17, 18, 19.

Les borates de potasse, de soude, d'ammoniaque décomposent le nitrate ammoniaco-magnésien, et on obtient un borate triple et des nitrates variés.

20, 21.

Les carbonates de potasse et de soude le décomposent par *attraction superflue*, et on a un carbonate triple et des nitrates de potasse et de soude.

XXXIV. NITRATE DE GLUCINE.

Est décomposé par les vingt suivans, outre les cinq sulfates ou sulfites précédemment cités.

1, 2, 3, 4, 5, 6.

Les muriates de barite, potasse, soude, strontiane, chaux et ammoniaque décomposent le nitrate de glucine par *attraction superflue*; et il se forme du muriate de glucine et des nitrates à base variée.

L'action des muriates suroxigénés sur le nitrate de glucine est inconnue.

7.

Le phosphate de barite paraît décomposer le nitrate de glucine, et il doit en résulter du phosphate de glucine et du nitrate de barite?

8, 9, 10.

Les phosphates de potasse, de soude et d'ammoniaque le décomposent par *attraction superflue*, et il en résulte du phosphate de glucine et des nitrates variés.

11.

Phosphate de magnésie ; décomposition supposée ?

L'action des phosphites est à peu près semblable à celle des phosphates.

12, 13, 14.

Les fluates de potasse, soude, et ammoniaque décomposent par *attraction superflue* le nitrate de glucine ; et il se forme du fluate de glucine et des nitrites variés.

15, 16, 17.

Les borates de potasse, soude et ammoniaque se comportent avec ce sel comme les trois précédens ; il se forme du borate de glucine et des nitrates divers.

18, 19, 20.

Les carbonates de potasse, soude et magnésie décomposent le nitrate de glucine par *attraction superflue*. Il se forme du carbonate de glucine et des nitrates de potasse, soude et magnésie.

XXXV. NITRATE D'ALUMINE.

Est décomposé par les vingt-trois suivans, outre les huit sulfates ou sulfites déja indiqués.

1, 2, 3, 4, 5, 6, 7.

Les muriates de barite, potasse, soude, strontiane, chaux, ammoniaque, et glucine décomposent par *attraction superflue* le nitrate d'alumine; et il se forme du muriate de glucine et des nitrates variés.

L'action des muriates oxigénés est inconnue.

8, 9.

Les phosphates de barite et de strontiane décomposent le nitrate d'alumine, et on obtient du phosphate d'alumine et des nitrates de barite et de strontiane; *supposé* ?

10.

Le phosphate de magnésie paraît agir de même ?

11, 12, 13.

Les phosphates de potasse, soude, ammoniaque et glucine le décomposent; il en résulte du phosphate d'alumine et des nitrates divers.

L'action des phosphites est à-peu-près semblable à celle des phosphates.

14, 15, 16.

Les fluates de potasse, soude et ammoniaque décomposent par *attraction superflue* le nitrate d'alumine, et il se forme du fluate d'alumine et des nitrates de potasse, soude et ammoniaque.

17, 18, 19.

Les borates de potasse, soude et ammoniaque agissent sur ce sel comme les précédens, et il en résulte du borate d'alumine et des nitrates divers.

20, 21, 22, 23.

Les carbonates de potasse, soude, magnésie et glucine décomposent le nitrate d'alumine, et il en résulte du carbonate d'alumine et des nitrates à diverses bases.

XXXVI. Nitrate de zircone.

Il est décomposé par les 27 suivans, outre les huit *sulfites* déja indiqués; (*sulfates* o.)

1, 2, 3, 4, 5, 6, 7, 8.

Les muriates de barite, potasse, soude, strontiane, chaux, ammoniaque, glucine et alumine le décomposent par *attraction superflue*. Il se forme du muriate de zircone et des nitrates divers.

L'action des muriates oxigénés est inconnue.

9, 10.

Les phosphates de barite et de strontiane paraissent le décomposer; il en doit résulter du phosphate de zircone et des nitrates de barite et de strontiane.

11, 12, 13, 14, 15, 16.

Les phosphates de potasse, soude, ammoniaque, magnésie, glucine, alumine décomposent le nitrate de zircone par *attraction superflue*. Il se forme du phosphate de zircone et des nitrates variés.

L'action des phosphites est à-peu-près semblable à celle des phosphates.

17, 18, 19.

Les fluates de potasse, de soude, d'ammoniaque décomposent le nitrate de zircone. Il se forme du fluate de zircone et des nitrates de potasse, soude et ammoniaque.

20, 21, 22.

Les borates de potasse, soude et ammoniaque agissent sur ce sel comme les précédens et diffèrent seulement dans le résultat qui est, d'une part, du borate de zircone, et de l'autre, des nitrates de potasse, de soude et d'ammoniaque.

23, 24, 25, 26, 27.

Les carbonates de potasse, soude, magnésie, glucine et alumine décomposent ce sel; il se forme du carbonate de zircone et des nitrates variés.

XXXVII jusqu'à XLVII inclusivement. NITRITES.

L'action des autres sels, sur les nitrites est trop peu connue pour être déterminée ici d'une manière exacte.

XLVIII. MURIATE DE BARITE.

Il est décomposé par les 10 suivans, outre les treize *sulfates*, les huit *sulfites* et les dix *nitrates* déja indiqués.

L'action des muriates oxigénés sur le muriate de barite est inconnue.

1, 2, 3.

Les phosphates de potasse, soude, ammoniaque sont décomposés par le muriate de barite; il se forme du phosphate de barite et des muriates de potasse, soude, ammoniaque. *Attraction nécessaire.*

Les phosphites se comportent à-peu-près comme les phosphates.

Aucun fluate n'est susceptible de décomposer le muriate de barite.

4, 5, 6, 7.

Les borates de potasse, soude, sursaturé de soude et ammoniaque décomposent le muriate de barite; il en résulte du borate de barite et des phosphates de potasse, soude et ammoniaque. *Attraction nécessaire.*

8, 9, 10.

Les carbonates de potasse, soude et ammoniaque le décomposent aussi par *attraction nécessaire.*

XLIX. Muriate de potasse.

Est décomposé par le suivant, entre les six *sulfates* et les neuf *nitrates* déjà cités.

L'action des muriates oxigénés o.

Les phosphates et phosphites n'ont aucune action sur le muriate de potasse.

1.

Le fluate de barite décompose le muriate de potasse par *attraction superflue.* Il se forme du fluate de potasse et du muriate de barite.

L'action des carbonates sur ce sel paraît nulle, ainsi que celle des borates.

L. MURIATE DE SOUDE.

Est décomposé par les 6 suivans, outre les huit *sulfates* ou *sulfites* et les huit *nitrates* déja cités.

L'action des muriates oxigénés o.

1.

Le phosphate de potasse décompose le muriate de soude par *attraction superflue*.

Les phosphites se comportent avec ce sel comme les phosphates.

2, 3.

Les fluates de barite et de potasse décomposent le muriate de soude par *attraction superflue*. Il en résulte du fluate de soude et des muriates de barite et de potasse.

4.

Le fluate d'ammoniaque paraît décomposer le muriate de soude; il en résulte, par *attraction nécessaire*, du fluate de soude et du muriate d'ammoniaque?

5. *Borate de potasse.*

Il se forme du . . . . . . { borate de soude.
muriate de potasse.

Attraction nécessaire.

6. *Carbonate de potasse.*

Il en résulte du . . . . . {carbonate de soude. / muriate de potasse.}

Attraction nécessaire.

LI. Muriate de strontiane.

Est décomposé par les 15 suivans, outre les dix *sulfates*, les sept *sulfites* et les sept *nitrates* déja indiqués.

L'action des muriates oxigénés o.

1.

Le phosphate de barite décompose le muriate de strontiane par *attraction superflue*. Il se forme du phosphate de strontiane et du muriate de barite.

2, 3, 4.

Les phosphates de potasse, de soude, d'ammoniaque le décomposent : *attraction superflue* pour les 2 premiers, et *nécessaire* pour le 3e. Il en résulte du phosphate de strontiane et des muriates variés.

Les phosphites se comportent comme les phosphates.

5.

Le phosphate de barite paraît décomposer le muriate de strontiane ; il se forme du phosphate de strontiane et du muriate de barite ?

6, 7.

Les fluates de potasse et de soude, quoique peu connus dans

leur mode de décomposition avec le muriate de strontiane, paraissent le décomposer ?

8, 9, 10, 11.

Les borates de potasse, soude, sursaturé de soude et ammoniaque décomposent le muriate de strontiane, et cette décomposition fournit du borate de strontiane et des muriates divers.

12.

Le carbonate de barite paraît décomposer ce sel?

13, 14, 15.

Les carbonates de potasse, de soude et d'ammoniaque décomposent le muriate de strontiane, et il se forme du carbonate de strontiane et des muriates variés.

LII. MURIATE DE CHAUX.

Est décomposé par les 23 suivans, outre les huit *sulfates*, neuf *sulfites* et six *nitrates* précédemment indiqués.

L'action des muriates oxigénés o.

1, 2, 3, 4, 5.

Les phosphates de barite, strontiane, potasse, soude et ammoniaque décomposent le muriate de strontiane; il se forme du phosphate de chaux et des muriates de barite, strontiane, potasse, soude et ammoniaque.

6.

Le phosphate de magnésie paraît décomposer ce sel?

L'action des phosphites est à peu près semblable à celle des phosphates.

7, 8, 9, 10, 11, 12.

Les fluates de barite, strontiane, magnésie, potasse, soude et ammoniaque décomposent le muriate de chaux ; il se forme du fluate de chaux et des muriates qui varient suivant le phosphate décomposant.

13, 14, 15, 16, 17, 18.

Les borates de barite, strontiane, potasse, soude, ammoniaque décomposent le muriate de chaux par *attraction superflue*. Il en résulte du borate de chaux et des muriates à base variée.

19, 20.

Les carbonates de barite et de strontiane paraissent décomposer le muriate de chaux?

21, 22, 23.

Les carbonates de potasse, soude et ammoniaque décomposent le muriate de chaux, et on obtient du carbonate de chaux et des phosphates variés.

LIII. MURIATE D'AMMONIAQUE.

Est décomposé par les 11 suivans, outre les trois *sulfates*, les deux *sulfites* et les deux nitrates ci-dessus indiqués.

Les muriates oxigénés o.

1, 2.

Les phosphates de potasse et de soude décomposent le

muriate d'ammoniaque par *attraction superflue ;* il se forme du phosphate d'ammoniaque et des muriates de potasse et de soude.

Les phosphites se comportent avec ce sel comme les phosphates.

3, 4, 5, 6.

Les fluates de barite, strontiane, potasse et soude décomposent le muriate d'ammoniaque, et il se forme du fluate d'ammoniaque et des muriates variés.

7, 8.

Les borates de potasse et soude décomposent le muriate d'ammoniaque.

Il se forme du . . . . . . { borate d'ammoniaque.
muriate de potasse ou soude.

Attraction superflue.

9, 10.

Les carbonates de potasse et de soude se comportent de même.

Il se forme du . . . . . . { carbonate d'ammoniaque.
muriate de potasse ou de soude.

11.

Le carbonate de magnésie paraît décomposer le muriate d'ammoniaque, et former de part et d'autre des sels triples?

LIV. MURIATE DE MAGNÉSIE.

Est décomposé par les 19 suivans, outre les quatre *sulfates* et le *sulfite* précédemment indiqués.

L'action des nitrates et des muriates oxigénés o.

1, 2.

Les phosphates de barite et de strontiane sont présumés devoir décomposer, par *attraction superflue*, le muriate de magnésie ; il doit en résulter du phosphate de magnésie et des muriates de barite et de strontiane ?

3, 4, 5.

Les phosphates de potasse, de soude et d'ammoniaque décomposent le muriate de magnésie par *attraction superflue*; il se forme du phosphate de magnésie et des muriates divers.

Les phosphites se comportent comme les phosphates.

6, 7.

Les fluates de strontiane et de soude décomposent le muriate de magnésie par *attraction superflue* ; il en résulte du fluate de magnésie et des nitrates de soude et de strontiane.

8, 9, 10.

Les fluates de barite, de potasse et d'ammoniaque semblent devoir décomposer le muriate de magnésie, et il en résulterait du fluate de magnésie et des muriates divers ?

11, 12.

Les borates de barite et de strontiane paraissent décomposer le muriate de magnésie?

13, 14, 15, 16.

Les borates de potasse, soude, sursaturé de soude et ammoniaque décomposent le muriate de magnésie, et il en résulte du borate de magnésie et des muriates variés.

17, 18, 19.

Les carbonates de potasse, soude et ammoniaque décomposent le muriate de magnésie par *attraction superflue;* il se forme du carbonate de magnésie et des muriates variés.

LV. Muriate ammoniaco-magnésien.

Est décomposé par les 19 suivans, outre les quatre *sulfates*, et les quatre *sulfites* déja cités.

L'action des nitrates et muriates oxig. o.

1, 2, 3.

Les phosphates de barite, de strontiane et d'ammoniaque paraissent devoir décomposer le muriate ammoniaco-magnésien seulement, par rapport à la magnésie; il doit alors résulter du phosphate triple et des muriates variés de barite, de strontiane et d'ammoniaque.

4, 5.

Les phosphates de potasse et de soude le décomposent par *attraction superflue*, et il en résulte un phosphate triple et des muriates de potasse et de soude.

L'action des phosphites est semblable à celle des phosphates.

6.

Le fluate de barite décompose le muriate ammoniaco-magnésien seulement, à ce qu'il paraît, par rapport à la magnésie?

7, 8, 9.

Les fluates de strontiane, potasse et soude le décomposent,

attraction superflue, il en résulte des fluates triples ammoniaco-magnésien et des muriates variés.

10.

Le fluate d'ammoniaque paraît en décomposer seulement une partie. Il se forme sans doute du fluate triple et du muriate d'ammoniaque?

11, 12, 13.

Les borates de barite, strontiane et ammoniaque se comportent avec ce sel comme les numéros 7, 8, 9.

14.

Le borate magnésio-calcaire, quoique peu connu dans ses attractions, paraît opérer ici une sorte de décomposition dont il pourrait résulter un borate ammoniaco-magnésien, et un muriate magnésio-calcaire?

15.

Le fluate d'ammoniaque décompose ce sel triple en raison d'un peu de magnésie, et il se forme peut être deux sels triples.

16, 17, 18, 19.

Les carbonates de potasse, de soude et d'ammoniaque décomposent le muriate ammoniaco-magnésien, et il en résulte des carbonates triples et des muriates divers.

LVI. Muriate de glucine.

Est décomposé par les 24 suivans, outre les cinq *sulfates* ou *sulfites* et les deux *nitrates* déja cités.

Les muriates oxigénés o.

1, 2, 3.

Les phosphates de barite, strontiane et magnésie décomposent le muriate de glucine par *attraction superflue;* il en résulte du phosphate de glucine et des muriates variés?

4, 5, 6.

Les phosphates de potasse, de soude et d'ammoniaque décomposent ce muriate par *attraction superflue*, et il se forme du phosphate de glucine et des muriates divers.

Les phosphites paraissent se comporter comme les précédens.

7, 8, 9, 10, 11, 12.

Les fluates de barite, potasse, soude, strontiane, magnésie et d'ammoniaque décomposent ce sel; et il se forme du fluate de glucine et des muriates divers, suivant le sel décomposant.

13, 14, 15.

Les borates de barite, strontiane, magnésie décomposent probablement le muriate de glucine; il doit en résulter du borate de glucine et des muriates variés?

16, 17, 18.

Les borates de potasse, de soude et d'ammoniaque sont décomposés par le muriate de glucine; il en résulte du borate de glucine et des muriates divers.

19, 20.

Les carbonates de chaux et de magnésie paraissent décomposer le muriate de glucine, et il en résulte du carbonate de glucine et des muriates variés.

21, 22, 23, 24.

Les carbonates de strontiane, de potasse, de soude et d'ammoniaque décomposent le muriate de glucine; il se forme par *attraction superflue* du carbonate de glucine et des muriates divers.

LVII. MURIATE D'ALUMINE.

Est décomposé par les 25 suivans, outre les neuf *sulfates* et *sulfites* et le nitrate déja cités.

Muriates oxigénés o.

1, 2, 3.

Les phosphates de barite, strontiane et magnésie semblent décomposer le muriate d'alumine?

4, 5, 6, 7.

Les phosphates de potasse, soude, ammoniaque et glucine le décomposent; il se forme du phosphate d'alumine et des muriates variés.

L'action des phosphites est à peu près égale à celle des phosphates.

8, 9, 10, 11, 12, 13.

Les fluates de barite, strontiane, magnésie, potasse, soude, et ammoniaque décomposent le muriate d'alumine, et il se forme des muriates divers.

14, 15.

Les borates de barite et de strontiane semblent opérer la décomposition de ce sel?

16, 17, 18, 19.

Les borates de magnésie, potasse, soude et ammoniaque, par *attraction superflue*, décomposent le muriate d'alumine; il se forme du borate d'alumine et des muriates variés.

20, 21, 22, 23, 24, 25.

Les carbonates de barite, chaux, potasse, soude, magnésie et ammoniaque décomposent le muriate d'alumine, et il en résulte du carbonate d'alumine et des muriates variés.

La décomposition par le carbonate de barite (20) paraît douteuse, ou est seulement à présumer?

LVIII. Muriate de zircone.

Est décomposé par les 26 suivans, outre les sept *sulfites* déja indiqués.

Sulfates, nitrates et muriates oxigénés o.

1, 2, 3, 4, 5, 6, 7, 8.

Les phosphates de barite, strontiane, potasse, soude, ammoniaque, magnésie, glucine, alumine, décomposent le muriate de zircone; il en résulte du phosphate de zircone et des muriates divers, suivant le sel décomposant.

Les phosphites opèrent sur le muriate de zircone une action analogue à celle des phosphates.

9, 10, 11, 12, 13, 14.

Les fluates de barite, strontiane, magnésie, potasse, soude et ammoniaque décomposent le muriate de zircone; il se forme du fluate de zircone et des muriates très-variés.

15, 16.

Les borates de barite et de strontiane semblent le décomposer?

17, 18, 19, 20.

Les borates de magnésie, potasse, soude et ammoniaque le décomposent, et il se forme du borate de zircone et des muriates variés.

21.

Le carbonate de barite est présumé le décomposer?

22, 23, 24, 25, 26.

Les carbonates de chaux, potasse, soude, magnésie et ammoniaque le décomposent.

LIX. Muriate de silice.

Il est décomposé par les 18 suivans, outre l'action des précédens, qui n'a point encore été assez appréciée pour avoir pu être énoncée.

Muriates oxigénés o.

1, 2, 3, 4.

Les phosphates de potasse, soude, ammoniaque et de magnésie le décomposent; il en résulte par *attraction superflue*, du phosphate de silice et des muriates de potasse, soude, ammoniaque et magnésie.

Les phosphites se comportent comme les phosphates.

5, 6, 7.

Les fluates de strontiane, magnésie et potasse semblent décomposer ce sel ?

8, 9.

Le fluate de soude et d'ammoniaque décomposent le muriate de silice, et il se forme du fluate de silice et des muriates de soude et d'ammoniaque.

10, 11, 12.

Les borates de potasse, soude et ammoniaque décomposent par *attraction superflue* le muriate de silice et on obtient du borate de silice et des muriates divers.

13, 14, 15, 16, 17, 18.

Les carbonates de barite, chaux, potasse, soude, ammoniaque et magnésie décomposent le muriate de silice et on obtient des muriates variés, suivant le carbonate employé, sans qu'il se forme du carbonate de silice.

LX jusqu'à LXVIII inclusivement. Muriates oxigénés.

Les 9 espèces de muriates oxigénés ou suroxigénés sont encore trop peu connues pour qu'il ait été possible d'apprécier les effets des doubles attractions entre elles et toutes les autres espèces de sels.

On n'a pas même indiqué encore les décompositions dont le muriate suroxigéné de potasse, le seul connu, est susceptible.

LXIX. Phosphate de barite.

Est décomposé par les 2 suivans, outre les 13 *sulfates*, 3 *sulfites*, 6 *nitrates*, 6 *nitrites* et les 7 *muriates* déja cités.

1.

Carbonate de potasse; il se forme du carbonate de barite et du phosphate de potasse; l'attraction double est nécessaire.

2.

Carbonate de soude; il se forme du carbonate de barite et du phosphate de soude; l'attraction double est nécessaire.

LXX. Phosphate de chaux.

Est décomposé par les 5 suivans.

1, 2, 3, 4, 5.

Phosphite de barite?
Fluate de barite;
Fluate de potasse;
Fluate de soude;
Borate de barite.

LXXI. Phosphate acide de chaux.

Est décomposé par les 18 suivans, outre les neuf *sulfates* ou *sulfites* déja cités (nitrates, nitrites, muriates, muriates oxigénés o).

1.

Phosphite de chaux ; l'excès d'acide phosphorique se combine avec la chaux et met à nu l'acide phosphorique.

2.

Phosphite de barite.

3.

Phosphite de strontiane ; il arrive avec celui-ci ce qui arrive avec le phosphite de chaux.

4, 5, 6, 7.

Fluates de barite, de potasse, de soude et d'ammoniaque.

8, 9, 10.

Borates de barite, de potasse et de soude.

10, 12, 13, 14, 15, 16, 17, 18.

Carbonates de barite, de strontiane, de chaux, de potasse, de soude, de magnésie, d'ammoniaque et de glucine.

Ces 8 derniers sels, c'est-à-dire tous les carbonates ne font que saturer l'excès d'acide phosphorique, d'où il résulte deux phosphates différens (à moins qu'on ne se serve de carbonate de chaux) ; savoir, un phosphate à base du carbonate employé, et du phosphate de chaux.

LXXII. PHOSPHATE DE STRONTIANE.

Est décomposé par les 13 suivans, outre les 5 *sulfates* ou *sulfites*, 4 *nitrates* et les 6 *muriates* précédemment indiqués.

1, 2.

Phosphites de barite et de potasse.

3, 4, 5, 6.

Fluates de barite, de potasse, de soude et d'ammoniaque.

7, 8, 9.

Borates de barite, de potasse et de soude.

10, 11, 12, 13.

Carbonates de barite, de chaux, de potasse et de soude.

LXXIII. Phosphate de potasse.

Est décomposé par les 8 suivans, outre les 16 *sulfates* ou *sulfites*, 10 *nitrates* et les 11 *muriates* cités ci-dessus (nitrates et muriates oxigénés o).

1, 2.

Phosphites de chaux, de barite.

3, 4.

Fluates de chaux et de barite.

5, 6.

Borates de chaux et de barite.

7, 8.

Carbonates de barite et de chaux.

LXXIV. PHOSPHATE DE SOUDE.

Est décomposé par les 12 suivans, outre les 15 *sulfates* et *sulfites*, 9 *nitrates* et 10 *muriates* cités ci-dessus.

1, 2, 3.

Phosphites de chaux, de barite, de potasse.

4, 5, 6.

Fluates de chaux, de barite et de potasse.

7, 8, 9.

Borates de chaux, de barite, et de potasse.

10, 11, 12.

Carbonates de barite, de chaux et de potasse.

LXXV. PHOSPHATE D'AMMONIAQUE.

Est décomposé par les 23 suivans, outre les 15 *sulfates* ou *sulfites*, 8 *nitrates*, 9 *muriates* cités ci-dessus.

1, 2, 3, 4, 5, 6.

Phosphites de chaux, de barite, de strontiane, de magnésie, de potasse et de soude.

7, 8, 9, 10, 11, 12.

Fluates de chaux, de barite, de strontiane, de magnésie, de potasse, de soude.

13, 14, 15, 16, 17, 18.

Borates de chaux, de barite, de strontiane, de magnésie, de potasse et de soude.

19, 20, 21, 22, 23.

Carbonates de barite, de strontiane, de chaux, de potasse et de soude.

LXXVI. PHOSPHATE DE SOUDE ET D'AMMONIAQUE.

Est décomposé par les 19 suivans, outre les 5 *sulfates* ou *sulfites* et le *nitrate* déja cités (muriates o).

1, 2, 3, 4.

Phosphites de chaux, de barite, de potasse et de soude, par rapport à l'ammoniaque.

5, 6, 7, 8, 9.

Fluates de chaux, de barite, de strontiane, de potasse, de soude par rapport à l'ammoniaque

10, 11, 12, 13, 14, 15.

Borates de chaux, de barite, de strontiane, de potasse, de soude, sursaturé de soude.

16, 17, 18, 19.

Carbonates de barite, de chaux, de potasse et de soude.

LXXVII. Phosphate de magnésie.

Décomposé par les vingt suivans, outre les 7 *sulfates* ou *sulfites*, 3 *nitrates*, 4 *muriates* précédemment cités.

1, 2, 3, 4, 5.

Phosphites de chaux, de barite, de strontiane, de potasse et de soude.

6, 7, 8, 9, 10, 11.

Fluates de chaux, de barite, de strontiane, de potasse, de soude et d'ammoniaque.

12, 13, 14, 15, 16.

Borates de chaux, de barite, de strontiane, de potasse et de soude.

17, 18, 19, 20.

Carbonates de strontiane, de chaux, de potasse et de soude.

LXXVIII. Phosphate ammoniaco-magnésien.

Est décomposé par les 19 suivans, outre les 7 *sulfates* ou *sulfites* déja cités (nitrates et muriates o).

1, 2, 3, 4, 5.

Phosphites de chaux, de barite, de strontiane, de potasse et de soude.

6, 7, 8, 9, 10.

Fluates de chaux, de barite, de strontiane, de potasse et de soude.

11, 12, 13, 14, 15.

Borates de chaux, de barite, de strontiane, de potasse et de soude.

16, 17, 18, 19.

Carbonates de strontiane, de chaux, de potasse et de soude.

LXXIX. PHOSPHATE DE GLUCINE.

Est décomposé par les 27 suivans, outre les 10 *sulfates* ou *sulfites*, 2 *nitrates* et 2 *muriates* précédemment traités.

1, 2, 3, 4, 5, 6, 7.

Phosphites de chaux, de barite, de strontiane, de magnésie, de potasse, de soude et d'ammoniaque.

8, 9, 10, 11, 12, 13, 14.

Fluates de chaux, de barite, de strontiane, de magnésie, de potasse, de soude et d'ammoniaque.

15, 16, 17, 18, 19, 20, 21.

Borates de chaux, de barite, de strontiane, de magnésie, de potasse, de soude et d'ammoniaque.

22, 23, 24, 25, 26, 27.

Carbonates de barite, de strontiane, de chaux, de potasse, de soude et d'ammoniaque.

LXXX. Phosphate d'alumine.

Est décomposé par les 30 suivans, outre les 11 *sulfates* ou *sulfites*, un *nitrate*, et un *muriate* déja cités.

1, 2, 3, 4, 5, 6, 7.

Phosphites de chaux, de barite, de strontiane, de magnésie, de potasse, de soude et d'ammoniaque.

8, 9, 10, 11, 12, 13, 14, 15.

Fluates de chaux, de barite, de strontiane, de magnésie, de potasse, de soude, d'ammoniaque et de glucine.

16, 17, 18, 19, 20, 21, 22.

Borates de chaux, de barite, de strontiane, de magnésie, de potasse, de soude et d'ammoniaque.

23, 24, 25, 26, 27, 28, 29, 30.

Carbonates de barite, de strontiane, de chaux, de potasse, de soude, de magnésie, d'ammoniaque et de glucine.

LXXXI. Phosphate de zircone.

Est décomposé par les 34 suivans, outre les 10 *sulfites* déja cités (sulfites, nitrates et muriates o).

1, 2, 3, 4, 5, 6, 7, 8, 9.

Phosphites de chaux, de barite, de strontiane, de magnésie, de potasse, de soude, d'ammoniaque, de glucine et d'alumine.

10, 11, 12, 13, 14, 15, 16, 17.

Fluates de chaux, de barite, de strontiane, de magnésie, de potasse, de soude, d'ammoniaque et de glucine.

18, 19, 20, 21, 22, 23, 24, 25.

Borates de chaux, de barite, de strontiane, de magnésie, de potasse, de soude, d'ammoniaque et de glucine.

26, 27, 28, 29, 30, 31, 32, 33, 34.

Carbonates de strontiane, de chaux, de potasse, de soude, d'ammoniaque, de magnésie, ammoniaco-magnésien, de glucine et d'alumine.

LXXXII. Phosphate de silice.

Est décomposé par les 39 suivans, outre un *sulfate* déja cité (sulfites, nitrates, muriates o).

1, 2, 3, 4, 5, 6, 7, 8, 9.

Phosphites de chaux, de barite, de strontiane, de magnésie, de potasse, de soude, d'ammoniaque, d'alumine et de glucine.

10, 11, 12, 13, 14, 15, 16, 17, 18, 19, 20.

Fluates de chaux, de barite, de strontiane, de magnésie, de potasse, de soude, d'ammoniaque, d'alumine, de glucine et deux triples.

21, 22, 23, 24, 25, 26, 27, 28, 29, 30.

Borates de chaux, de barite, de strontiane, de magnésie, de potasse, de soude, d'ammoniaque, d'alumine, de glucine et de zircone.

31, 32, 33, 34, 35, 36, 37, 38, 39.

Carbonates de barite, de strontiane, de chaux, de potasse, de soude, d'ammoniaque, de magnésie, d'alumine et de glucine.

L X X X I I I à X C I I I inclusivement.

Les 11 espèces de phosphites que j'ai décrites n'ont point encore été assez examinées pour qu'il soit possible de présenter une série un peu exacte des doubles décompositions qu'ils sont susceptibles d'éprouver de la part des fluates, des borates et des carbonates. On a vu dans les 8 espèces de sels précédens quelle était l'action de la plupart des phosphites sur les sulfates, les sulfites, les nitrates, les nitrites, les muriates et les phosphates. Il est aisé d'ajouter à ces décompositions celles des phosphites qui, relativement à leur altérabilité par les fluates, les borates et les carbonates, doivent se rapprocher beaucoup de celles qui viennent d'être indiquées pour les phosphates; mais ces effets, quelque vraisemblables qu'ils soient, n'ayant point encore été vérifiés par l'expérience, je n'ai pas cru devoir les présenter ici avec le même détail que pour les espèces précédentes et pour les suivantes.

XCIV. Fluate de chaux.

Est décomposé par les 2 suivans, outre les 10 *phosphates* déja cités (sulfates, sulfites, nitrates, nitrites, muriates oxigénés o).

1.

Carbonate de potasse.

2.

Carbonate de soude.

XCV. Fluate de barite.

Est décomposé par les 8 suivans, outre les 16 *sulfates* ou *sulfites*, 3 *nitrates*, 10 *muriates* et les 12 *phosphates* déja cités.

1, 2, 3, 4.

Borates de chaux, de potasse, de soude, sursaturé de soude.

5, 6, 7, 8.

Carbonates de chaux, de potasse, de soude et d'ammoniaque.

XCVI. Fluate de strontiane.

Est décomposé par les 7 suivans, outre les 14 *sulfates* ou *sulfites*, 3 *nitrates*, 9 *muriates* et les 8 *phosphates* déja cités.

1, 2, 3.

Borates de barite, de potasse et de soude.

4, 5, 6, 7.

Carbonates de chaux, de potasse, de soude et d'ammoniaque.

XCVII. Fluate de magnésie.

Est décomposé par les 10 suivans, outre les 8 *sulfates* ou *sulfites*, 1 *nitrate*, 6 *muriates*, 5 *phosphates* déja cités.

1, 2, 3, 4, 5.

Borates de chaux, de barite, de strontiane, de potasse et de soude.

6, 7, 8, 9, 10.

Carbonates de strontiane, de chaux, de potasse, de soude et d'ammoniaque.

XCVIII. Fluate de potasse.

Est décomposé par les 3 suivans, outre les 10 *sulfates* ou *sulfites*, 10 *nitrates*, 11 *muriates*, 12 *phosphates* déja cités.

1, 2, 3.

Borates de chaux, de barite et de strontiane.

XCIX. Fluate de soude.

Est décomposé par les 6 suivans, ou les 9 *sulfates* ou *sulfites*, 9 *nitrates*, 10 *muriates*, 10 *phosphates* déja cités.

1, 2, 3, 4.

Borates de chaux, de barite, de strontiane et de potasse.

5, 6.

Carbonates de potasse et d'ammoniaque?

C. Fluate de soude silicé.

On ne connaît pas la manière dont il se comporte avec les autres sels.

CI. Fluate d'ammoniaque.

Est décomposé par les 8 suivans, outre les 9 *sulfates* ou *sulfites*, 8 *nitrates*, 8 *muriates* et les 7 *phosphates* déja cités.

1, 2, 3, 4, 5.

Borates de chaux, de barite, de strontiane, de potasse et de soude.

6, 7, 8.

Carbonates de chaux, de potasse et de soude.

CII. Fluate ammoniaco-magnésien.

Est décomposé par les 10 suivans; son action sur les précédens n'a pas été examinée.

1, 2, 3, 4, 5.

Borates de chaux, de barite, de strontiane, de potasse et de soude.

6, 7, 8, 9, 10.

Carbonates de strontiane, de chaux, de potasse, de soude et d'ammoniaque.

CIII. Fluate ammoniaco-siligé.

Son action sur les autres sels n'est pas connue.

CIV. Fluate de glucine.

Est décomposé par les 14 suivans, outre les 2 *sulfates* ou *sulfites* et les 3 *phosphates* déja cités.

1, 2, 3, 4, 5, 6, 7.

Borates de chaux, de barite, de strontiane, de magnésie, de potasse, de soude et d'ammoniaque.

8, 9, 10, 11, 12, 13, 14.

Carbonates de barite, de strontiane, de chaux, de potasse, de soude, de magnésie et d'ammoniaque.

CV. FLUATE D'ALUMINE.

Est décomposé par les 16 suivans, outre le *phosphate* déja cité.

1, 2, 3, 4, 5, 6, 7, 8.

Borates de chaux, de barite, de strontiane, de magnésie, de potasse, de soude, d'ammoniaque et de glucine.

9, 10, 11, 12, 13, 14, 15, 16.

Carbonates de barite, de strontiane, de chaux, de potasse, de soude, de magnésie, d'ammoniaque et de glucine.

CVI. FLUATE DE ZIRCONE.

Est décomposé par les 18 suivans; son action sur les sels précédens n'est pas connue.

1, 2, 3, 4, 5, 6, 7, 8, 9.

Borates de chaux, de barite, de strontiane, de magnésie, de potasse, de soude, d'ammoniaque, de glucine et d'alumine.

10, 11, 12, 13, 14, 15, 16, 17, 18.

Carbonates de barite, de strontiane, de chaux, de potasse, de soude, de magnésie, d'ammoniaque, d'alumine et de glucine.

CVII. Fluate de silice.

Est décomposé par les 20 suivans, et n'est décomposé par aucun des sels neutres précédens.

1, 2, 3, 4, 5, 6, 7, 8, 9, 10, 11.

Borates de chaux, de barite, de strontiane, de magnésie, de potasse, de soude, sursaturé de soude, d'ammoniaque, de glucine, d'alumine et de zircone.

12, 13, 14, 15, 16, 17, 18, 19, 20.

Carbonates de barite, de strontiane, de chaux, de potasse, de soude, d'ammoniaque, de magnésie, de glucine et d'alumine.

CVIII. Borate de chaux.

N'est décomposé par aucun des suivans, mais par 10 *phosphates et* 10 *fluates* déja cités.

CIX. Borate de barite.

N'est décomposé par aucun des suivans, mais bien par 11 *sulfates* ou *sulfites*, 1 *nitrate*, 4 *muriates*, 12 *phosphates* et 10 *fluates* déja cités.

CX. Borate de strontiane.

Est décomposé par le carbonate de strontiane, outre les 10 *sulfates* ou *sulfites*, 3 *nitrates*, 4 *muriates*, 7 *phosphates*, 9 *fluates* déja cités.

CXI. Borate de magnésie.

Est décomposé par les 5 suivans, outre les 6 *sulfates* où *sulfites*, 2 *muriates*, 5 *phosphates*, 4 *fluates* déja cités.

1, 2, 3, 4, 5.

Carbonate de barite, de strontiane, de chaux, de potasse et de soude.

CXII. Borate magnesio-calcaire.

Son action sur les sels n'est pas bien connue; il est décomposé par un *muriate* déja cité.

CXIII. Borate de potasse.

N'est décomposé par aucun des suivans, mais bien par les 13 *sulfates* ou *sulfites*, 10 *nitrates*, 9 *muriates*, 10 *phosphates* et les 10 *fluates* déja cités.

CXIV. Borate de soude.

Est décomposé par le carbonate de potasse, outre les 11 *sulfates* ou *sulfites*, 9 *nitrates*, 8 *muriates*, 8 *phosphates* et les 8 *fluates* cités.

CXV. Borate sursaturé de soude.

Il se comporte comme le précédent et est décomposé de même.

CXVI. Borate d'ammoniaque.

Est décomposé par les 6 suivans, outre les 10 *sulfates* ou *sulfites*, 7 *nitrates*, 8 *muriates*, 4 *phosphates* et 4 *fluates* déja cités.

1, 2, 3, 4, 5, 6.

Carbonates de barite, de strontiane, de chaux, de potasse, de soude et de magnésie.

CXVII. Borate ammoniaco-magnésien.

On n'a point encore examiné la manière d'agir de ce sel sur les autres.

CXVIII. Borate de glucine.

Est décomposé par les 7 suivans, outre les 2 *phosphates* et 3 *fluates* déja cités.

1, 2, 3, 4, 5, 6, 7.

Carbonates de barite, de strontiane, de chaux, de potasse, de soude, de magnésie et d'ammoniaque.

CXIX. Borate d'alumine.

Est décomposé par les 8 suivans, outre un *phosphate* et 2 *fluates* déja cités.

1, 2, 3, 4, 5, 6, 7, 8.

Carbonates de barite, de strontiane, de chaux, de potasse, de soude, de magnésie, d'ammoniaque et de glucine.

CXX. Borate de zircone.

Est décomposé par les 9 suivans, outre un *phosphate* et un *fluate* déja annoncé.

1, 2, 3, 4, 5, 6, 7, 8, 9.

Carbonates de barite, de strontiane, de chaux, de potasse, de soude, de magnésie, d'ammoniaque, de glucine et d'alumine.

CXXI. Borate de silice.

Est décomposé par les 10 suivans. Les sels précédens ne paraissent avoir aucune action sur lui.

1, 2, 3, 4, 5, 6, 7, 8, 9, 10.

Carbonates de barite, de strontiane, de chaux, de potasse, de soude, de magnésie, d'ammoniaque, de glucine, d'alumine et de zircone.

CXXII à CXXXIV inclusivement.

Les 13 espèces de carbonates terreux et alcalins distinguées et décrites dans cette cinquième section, ayant été traitées dans les CXXI numéros précédens, et se trouvant les dernières de toutes les substances salines, il n'y a plus rien à donner ici sur leurs réactions et leurs doubles décompositions.

ARTICLE XVI.

Résumé sur la composition des 134 espèces de sels, ou tableau de la proportion de leurs principes constituans.

1. On doit être assez avancé dans l'étude de la science chimique, d'après tout ce qui a précédé cette partie de mon système, pour bien concevoir que la connaissance exacte des phénomènes de cette science dépend beaucoup de la détermination des quantités respectives de principes qui entrent dans la formation des composés. Aussi depuis que la chimie a changé de face, depuis que ses moyens d'analyse ont été plus multipliés, et depuis que ses instrumens ont reçu une perfection si grande en comparaison de celle qu'ils avaient il y trente ans, le but

principal des travaux des chimistes est de rechercher la proportion des élémens qui constituent les divers composés dont ils s'occupent. Parmi les résultats utiles que ce genre de recherches a fournis, les sels en offrent sur-tout qui sont d'une grande importance, soit pour en opérer avec fruit la décomposition, soit pour en connaître avec précision la nature, soit pour en apprécier les effets dans tous les cas où on les emploie.

2. J'ai eu soin, dans l'histoire de chaque espèce en particulier, d'exposer cette proportion des principes, après avoir indiqué la méthode d'analyse qu'on a employée pour chacune d'elles. Cet énoncé m'a même paru si imposant pour compléter l'histoire chimique des sels, que je l'ai inséré à la fin de cette histoire, de manière qu'il pût en devenir comme le point le plus saillant, et la terminaison naturelle. Mais l'utilité de ce résultat de l'analyse saline doit devenir bien plus grande encore, en rapprochant les unes des autres les proportions des composans de chaque sel, puisqu'il permettra de comparer les quantités respectives des principes salins, la différence des saturabilités réciproques des acides par les bases et des bases par les acides, les rapports de ces proportions avec les dégrés des attractions qui les unissent, soit dans les espèces diverses du même genre, soit dans les espèces analogues par les bases dans les genres différens.

3. Ce tableau, d'ailleurs, présentera d'un seul coup-d'œil et rapprochés, les faits épars dans une partie très-étendue de cet ouvrage; il fera connaître ce qui est terminé dans ce genre d'analyse, et ce qui reste à faire. En le comparant à celui de la composition de quelques principales espèces de sels, donné par Bergman dans sa dissertation sur l'analyse des eaux, il sera propre à faire voir quels progrès la chimie doit aux savans qui ont parcouru cette nouvelle carrière à peine ouverte par l'illustre professeur suédois. Je le présenterai, en suivant pour les 134 espèces de sels le même ordre dans lequel je les ai placées et décrites, et en ajoutant

seulement au devant de chacune d'elles un nombre qui désignera, pour cet article 16 de la cinquième section, la série numérique dont chaque division de cet ouvrage a coutume d'être composée.

4. *Sulfate de barite.*

A. naturel.	Acide sulfurique.	13.
	Barite	84.
	Eau	3.
B. artificiel.	Acide sulfurique.	33.
	Barite	64.
	Eau	3.

5. *Sulfate de potasse.*

Acide sulfurique . . 40.
Potasse . . . . 52.
Eau . . . . 8.

6. *Sulfate acide de potasse.*

Sulfate de potasse. . 67.
Acide sulfureux . . . 33.

7. *Sulfate de soude.*

Acide sulfurique. . . 27.
Soude . . . . 15.
Eau . . . . 58.

8. *Sulfate de strontiane.*

Acide sulfurique. . . 46.
Strontiane. . . . . . . 54.

9. *Sulfate de chaux.*

Acide sulfurique. . . 46.
Chaux . . . . 32.
Eau . . . . 22.

10. *Sulfate d'ammoniaque.*

Acide sulfurique. . . 42.
Ammoniaque . . . . 40.
Eau . . . . 18.

11. *Sulfate de magnésie.*

Acide sulfurique. . . 33.
Magnésie . . . . . . 19.
Eau . . . . 48.

12. *Sulfate ammoniaco-magnésien.*

Sulfate de magnésie. 68.
Sulfate d'ammoniaque. 32.

13. *Sulfate de glucine.*

Proportions inconnues.

14. *Sulfate d'alumine.*

Neutre. . . . . . { Acide sulfurique. 50.
Alumine . . . . . 50. }

15. *Sulfate acide d'alumine et de potasse ou d'ammoniaque ; alun.*

Sulfate d'alumine. .	49.
Sulfate de potasse . .	7.
Eau	44.

16. *Sulfate saturé d'alumine triple.*

Proportions non connues exactement.

17. *Sulfate de zircone.*

Proportions inconnues.

18. *Sulfite de barite.*

Acide sulfureux. . .	39.
Barite	59.
Eau	2.

19. *Sulfite de chaux.*

Acide sulfureux. . .	48.
Chaux.	45.
Eau	5.

20. *Sulfite de potasse.*

Proportions encore inconnues.

21. *Sulfite de soude.*

Acide sulfureux . . .	31.
Soude	18.
Eau.	51.

22. *Sulfite de strontiane.*

Proportions encore inconnues.

23. *Sulfite d'ammoniaque.*

Acide sulfureux. . .	60.
Ammoniaque	29.
Eau	11.

24. *Sulfite de magnésie.*

Acide sulfureux . . .	39.
Magnésie	16.
Eau	45.

25. *Sulfite ammoniaco-magnésien.*

Proportions inconnues.

26. *Sulfite de glucine.*

Proportions inconnues.

27. *Sulfite d'alumine.*

Acide sulfureux . . .	32.
Alumine.	44.
Eau	24.

28. *Sulfite de zircone.*

Proportions inconnues.

29. *Nitrate de barite.*

Acide nitrique. . . . 38.
Barite . . . . 50.
Eau . . . . 12.

30. *Nitrate de potasse.*

Acide nitrique. . . .	33.	Bergman.
Potasse.	49.	
Eau	18.	
Acide nitrique. . . .	30.	Kirwan.
Potasse	63.	
Eau	7.	

31. *Nitrate de Soude.*

Acide nitrique. . . . 29.
Soude . . . . 50.
Eau . . . . 21.

32. *Nitrate de strontiane.*

Acide nitrique. . . 48,4.
Strontiane. . . . . 47,6.
Eau . . . . 4.

33. *Nitrate de chaux.*

Acide nitrique. . . . 43.
Chaux . . . . 32.
Eau . . . . 25.

34. *Nitrate d'ammoniaque.*

Acide nitrique. . . . 46.
Ammoniaque . . . . 40.
Eau . . . . 14.

35. *Nitrate de magnésie.*

Acide nitrique. . . . 43.
Magnésie . . . . . . 27.
Eau . . . . 30.

36. *Nitrate ammoniaco-magnésien.*

Nitrate d'ammoniaque. 22.
Nitrate de magnésie . 78.

37. *Nitrate de glucine.*

Proportions non déterminées.

38. *Nitrate d'alumine.*

Proportions inconnues.

39. *Nitrate de zircone.*

Proportions inconnues.

40. *Nitrite de barite.*

41. *Nitrite de potasse.*

42. *Nitrite de soude.*

43. *Nitrite de strontiane.*

44. *Nitrite de chaux.*

45. *Nitrite d'ammoniaque.*

46. *Nitrite de magnésie.*

47. *Nitrite ammoniaco-magnésien.*

48. *Nitrite de glucine.*

49. *Nitrite d'alumine.*

50. *Nitrite de zircone.*

Aucun nitrite n'a été encore examiné avec soin ; aucun n'est connu dans la proportion de ses principes.

51. *Muriate de barite.*

Acide muriatique . .	24.
Barite	60.
Eau	16.

52. *Muriate de potasse.*

Acide muriatique . .	30.
Potasse	62.
Eau	8.

53. *Muriate de soude.*

Acide muriatique . .	52.	Bergman.
Soude	42.	
Eau	6.	

Acide muriatique . . 33.		
Soude . . . . 50.	Kirwan.	
Eau . . . . 17.		

54. *Muriate de strontiane.*

Acide muriatique . 23,6.
Strontiane . . . . . 36,4.
Eau . . . . 40.

55. *Muriate de chaux.*

Acide muriatique . . 31.
Chaux . . . . 44.
Eau . . . . 25.

56. *Muriate d'ammoniaque.*

Acide muriatique . . 52.
Ammoniaque . . . . 40.
Eau . . . . 8.

57. *Muriate de magnésie.*

Acide muriatique . . 34.
Magnésie . . . . . . 41.
Eau . . . . 25.

58. *Muriate ammoniaco-magnésien.*

Muriate d'ammoniaque. 27.
Muriate de magnésie. . 73.

59. *Muriate de glucine.*

Proportions inconnues.

60. *Muriate d'alumine.*

Proportions inconnues.

61. *Muriate de zircone.*

Proportions inconnues.

62. *Muriate de silice.*

Proportions inconnues.

63. *Muriate suroxigéné de barite.*

Proportions inconnues.

64. *Muriate suroxigéné de potasse.*

Muriate de potasse . 67.
Oxigène . . . . 33.

65. *Muriate suroxigéné de soude.*

66. *Muriate suroxigéné de strontiane.*

67. *Muriate suroxigéné de chaux.*

68. *Muriate suroxigéné de magnésie.*

69. *Muriate suroxigéné de glucine.*

70. *Muriate suroxigéné d'alumine.*

71. *Muriate suroxigéné de zircone.*

L'existence de tous les muriates suroxigénés n'étant encore presque que soupçonnée, on ne peut avoir aucune notion de la proportion de leurs principes.

72. *Phosphate de barite.*

Proportions inconnues.

73. *Phosphate de strontiane.*

Acide phosphorique. 41,24.
Strontiane . . . . 58,76.

74. *Phosphate de chaux.*

Acide phosphorique . 41.
Chaux . . . . 59.

75. *Phosphate acide de chaux.*

Acide phosphorique. 54.
Chaux. . . . . 46.

76. *Phosphate de potasse.*

Proportions inconnues.

77. *Phosphate de soude.*

Proportions inconnues.

78. *Phosphate d'ammoniaque.*

Proportions inconnues.

79. *Phosphate de soude et d'ammoniaque.*

Acide phosphorique .	32.
Soude	24.
Ammoniaque	19.
Eau	25.

80. *Phosphate de magnésie.*

Proportions inconnues.

81. *Phosphate ammoniaco-magnésien.*

Phosphate magnésien.	50.
Phosph. ammoniacal.	25.
Eau	25.

82. *Phosphate de glucine.*

Proportions inconnues.

83. *Phosphate d'alumine.*

Proportions inconnues.

84. *Phosphate de zircone.*

Proportions inconnues.

85. *Phosphate de silice.*

Proportions inconnues.

86. *Phosphite de chaux.*

Acide phosphoreux. . 34.
Chaux. . . . . 51.
Eau . . . . 15.

87. *Phosphite de barite.*

Acide phosphoreux. 41,7.
Barite . . . . 51,3.
Eau . . . . 7.

88. *Phosphite de strontiane.*

Proportions inconnues.

89. *Phosphite de magnésie.*

Acide phosphoreux. . 44.
Magnésie . . . . 20.
Eau . . . . 36.

90. *Phosphite de potasse.*

Acide phosphoreux. 39,5.
Potasse. . . . . 49,5.
Eau . . . . 11.

91. *Phosphite de soude.*

Acide phosphoreux. 16,3.
Soude . . . . 23,7.
Eau . . . . 60.

92. *Phosphite d'ammoniaque.*

Acide phosphoreux. . 26.
Ammoniaque . . . . 51.
Eau . . . . 23.

93. *Phosphite ammoniaco-magnésien.*

Proportions inconnues.

94. *Phosphite de glucine.*

Proportions inconnues.

95. *Phosphite d'alumine.*

Proportions inconnues.

96. *Phosphite de zircone.*

Proportions inconnues.

97. *Fluate de chaux.*

Proportions inconnues.

98. *Fluate de barite.*

99. *Fluate de barite.*

100. *Fluate de magnésie.*

101. *Fluate de potasse.*

102. *Fluate de potasse silicé.*

103. *Fluate de soude.*

104. *Fluate de soude silicé.*

105. *Fluate d'ammoniaque.*

106. *Fluate ammoniaco-magnésien.*

107. *Fluate ammoniaco-silicé.*

108. *Fluate de glucine.*

109. *Fluate d'alumine.*

110. *Fluate de zircone.*

111. *Fluate de silice.*

Aucun fluate n'est encore connu dans la proportion de ses principes. Ces sels, peu examinés encore, demandent un travail suivi pour qu'on puisse en apprécier les composans. Ils forment, avec les muriates suroxigénés, les espèces les moins bien analysées jusqu'ici.

112. *Borate de chaux.*

Encore inconnu dans ses proportions.

113. *Borate de barite.*

Inconnu comme le précédent.

114. *Borate de strontiane.*

Proportions ignorées.

114 *bis.* *Borate de magnésie.*

Proportions inconnues.

115. *Borate magnésio-calcaire.*

Acide boracique. . .	66.	Il y a 10 de perte.
Magnésie	13,5.	
Chaux	10,5.	

116. *Borate de potasse.*

Proportions inconnues.

117. *Borate de soude.*

Acide boracique. . . .	70.
Soude.	20.
Eau.	10.

118. *Borate sursaturé de soude; borax.*

Acide boracique . . .	34.
Soude.	17.
Eau.	47.

119. *Borate d'ammoniaque.*

Proportions inconnues.

120. *Borate ammoniaco-magnésien.*

Proportions inconnues.

121. *Borate de glucine.*

Proportions inconnues.

122. *Borate d'alumine.*

Proportions inconnues.

123. *Borate de zircone.*

Proportions inconnues.

124. *Borate de silice.*

Proportions inconnues.

125. *Carbonate de barite.*

A. *Natif.*	Acide carbon. . .	20	Kirwan.
	Barite	78	
	Sulfate de barite.	2	
	Acide carbon . .	10	Fourcroy.
	Barite	90	
	Acide carbon . .	22	Pelletier.
	Barite	62	
	Eau.	16	
B. *Artificiel.*	Acide carbon. . .	7	Kirwan.
	Barite	65	
	Eau	28	

126. *Carbonate de strontiane.*

Acide carbonique. . . 30.
Strontiane . . . . . . 62.
Eau . . . . 8.

127. *Carbonate de chaux.*

Acide carbonique. . .	34.
Chaux.	55.
Eau.	11.

128. *Carbonate de potasse.*

Acide carbonique. . .	20	Bergman.
Potasse.	48	
Eau	32	
Acide carbonique. . . .	49	Pelletier.
Potasse.	48	
Eau	17	Il y a un excès de poids.

129. *Carbonate de soude.*

Acide carbonique. . .	16.
Soude	20.
Eau.	64.

130. *Carbonate de magnésie.*

A. Saturé d'acide.	Acide carbonique.	30	Bergman.
	Magnésie.	45	
	Eau	25	
B. Magnésie pulvérulente des boutiques.	Acide carbonique.	36	Butini.
	Magnésie.	43	
	Eau	21	
La même.	Acide	48	Fourcroy.
	Magnésie.	40	
	Eau	12	

C. Carbonate de magnésie en cristaux réguliers.	Acide carbonique. 50 Magnésie. . . . . 25 Eau 25	Fourcroy.

131. *Carbonate d'ammoniaque.*

Acide carbonique. . . 45.
Ammoniaque . . . . . 43.
Eau. . . . . 12.

132. *Carbonate ammoniaco-magnésien.*

Proportions encore inconnues.

133. *Carbonate de glucine.*

Acide carbonique. . . 64.
Glucine . . . . 25.
Eau. . . . . 11.

134. *Carbonate d'alumine.*

Proportions inconnues.

135. *Carbonate de zircone.*

Acide carbon. et eau . 44,5.
Zircone . . . . 55,5.

136. *Carbonate ammoniaco-zirconien.*

Proportions inconnues.

137. *Carbonate ammoniaco-glucinien.*

Proportions inconnues.

ARTICLE XVII.

Récapitulation sur les sels qu'on trouve fossiles et sur leur classification dans les méthodes ou systêmes minéralogiques.

1. Quoique j'aie eu soin de faire remarquer, dans l'histoire de chaque espèce de substance saline, si on la trouvait parmi les fossiles, et de décrire même le plus souvent les principales variétés sous lesquelles chacune d'elles se présente; il ne sera pas inutile de revenir ici sur l'existence de ces matières dans les couches du globe, de les comparer à celles qu'on n'y a pas rencontrées encore, et de faire connaître la marche que les minéralogistes ont tenue pour classer, comme pour distinguer ces substances.

2. Je rappellerai d'abord que sur 134 espèces de sels que j'ai disposées et décrites dans les articles précédens, il y en a tout au plus un huitième ou environ qui ont été trouvées dans la terre, et faisant partie des couches qui la composent. A la vérité, j'ai supposé que la nature en préparait un bien plus grand nombre, et que, si on ne les y connaissait point encore, c'est qu'on n'avait pas examiné avec assez de soin, c'est qu'on avait vu trop superficiellement beaucoup de matières minérales où une analyse plus exacte les fera quelque jour trouver. On est porté à adopter cette idée lorsqu'on réfléchit à la petite quantité de minéraux qui ont été examinés jusqu'ici, et au peu de connaissances exactes que l'on a receuillies sur la plupart d'entre eux.

3. Cependant la minéralogie a beaucoup gagné dans ce genre depuis quelques années, et sur-tout depuis que, non contens des caractères extérieurs ou de l'examen des propriétés physiques des fossiles, les minéralogistes ont com-

mencé à joindre les expériences chimiques à leurs observations, et à rehercher la nature intime de ces corps. Tout annonce que les composés salins que l'art crée et multiplie chaque jour ne sont que des imitations de ceux que la nature a formés, et qu'à mesure que la science de l'analyse fera des progrès, on découvrira de nouvelles espèces de sels fossiles analogues à celles que l'on n'aura fabriquées encore jusque-là que dans les laboratoires de chimie.

4. Les anciens chimistes ne connaissaient à peu près qu'un tiers des sels que l'on connaît aujourd'hui. Plusieurs de ces sels étaient rangés par les minéralogistes dans la classe des pierres, en raison de leur insipidité et de leur indissolubilité ou de la grande quantité d'eau nécessaire pour les dissoudre. Ainsi le sulfate, le carbonate et le fluate de chaux sous les noms de gypse, de spath calcaire et de spath fluor, faisaient partie des matières pierreuses, parce qu'ils étaient sans saveur et sans dissolubilité. Fondée exclusivement sur les propriétés sensibles des fossiles, la méthode ancienne ne pouvait pas placer ces corps insipides et indissolubles à côté du muriate, du carbonate, du borate de soude, du nitrate de potasse et du sulfate triple d'alumiue, dont la saveur salée, amère, âcre, alcaline, piquante, et la grande solubilité faisaient un contraste trop frappant avec les caractères des premiers. Aussi la classe des sels n'était-elle alors que très-peu étendue en comparaison des autres classes de minéraux, tandis que les seules variétés très-nombreuses du carbonate de chaux formaient une classe toute entière dans les fossiles pierreux.

5. On trouve encore cette méthode dans le tableau méthodique des minéraux du citoyen Daubenton. Ce naturaliste place le spath fluor ou fluate de chaux, le spath pesant ou sulfate de barite, la barite aérée ou carbonate de barite, le phosphate de chaux et l'apatite qui n'en est qu'une variété, parmi les terres et pierres de la seconde classe, qui ne font

ni feu avec le briquet, ni effervescence avec les acides, parce qu'en effet les sels insolubles jouissent de ces propriétés. Il forme sa troisième classe toute entière du carbonate de chaux en divers états de pierre calcaire, de terre calcaire, de marbre, de spath calcaire, de concrétions, qui constituent cinq genres, parce que toutes ces variétés, de la même substance sans dissolubilité dans l'eau, ont également la propriété uniforme et univoque de faire effervescence avec les acides. Enfin il n'éloigne pas seulement de ces matières salines, qui sont pour lui des matières pierreuses, les sels proprement dits, les sels fossiles, auxquels il donne pour caractère distinctif d'être solubles dans l'eau, mais il en fait un quatrième ordre, séparé et éloigné des matières calcaires, troisième classe de ses pierres, par sa quatrième classe qui comprend les terres et pierres mélangées de celles des trois premières classes.

6. Après ce partage et ce renvoi de cinq espèces de sels dans deux classes différentes de pierres, le citoyen Daubenton, en ne regardant comme sels que les espèces fossiles qui sont solubles dans l'eau, les divise en trois genres, le premier ayant pour base un alcali, le second une terre et le troisième un métal. Ce dernier appartient entièrement, dans toutes les méthodes, à la classe des métaux. Les deux autres genres offrent ici une lacune qui prouve qu'il est impossible de faire une bonne classification de ces sels sans avoir recours aux propriétés chimiques ; c'est le manque des caractères génériques qui ne permet pas d'en faire une distinction véritable.

7. Le premier genre du citoyen Daubenton comprend cinq espèces ; savoir, 1°. le carbonate de soude sous le nom d'*alcali minéral* avec les deux variétés de *natron* et d'*aphronatron*, dont le caractère indiqué est l'effervescence dans les acides et la cristallisation en octaèdre avec des triangles scalènes ; 2°. le muriate de soude, nommé *sel commun*, divisé en sel marin et en sel gemme, distingué par sa décrépitation au

feu, ses fragmens cubiques, sa cristallisation en cubes et en trémies ; 3°. le borax ayant pour variétés le tinckal ou le borax brut et le borax purifié, et pour caractères spécifiques une transparence gélatineuse, le bouillonnement au feu, la forme de prisme à six pans avec des sommets à plusieurs faces ; 4°. le sel ammoniac natif ou factice se volatilisant en fumée, sous forme grenue ou cristallisée en plumes composées de prismes à quatre pans avec des pyramides à quatre faces ; 5°. le nitre ou salpêtre détonant sur les charbons ardens, et distingué en deux variétés de forme, l'une en octaèdre cunéiforme, l'autre à deux pyramides quadrangulaires naissantes.

8. Le second genre du célèbre naturaliste français renferme, sous le nom de sels terreux, quatre espèces, qui sont le nitre *calcaire*, le *gypse*, le sel d'*Epsom* et l'*alun*.

Le nitrate de chaux est caractérisé par sa forte déliquescence. On y énonce deux variétés de forme, l'une en prismes à six pans, terminés par des pyramides à six faces ; l'autre en aiguilles.

Le sulfate de chaux, reconnaissable à ce qu'il se calcine en plâtre, et est peu soluble dans l'eau, contient neuf variétés ; 1°. le grossier opaque ; 2°. le grossier demi-transparent ; 3°. le fin opaque ; 4°. le fin demi-transparent ou *albâtre gypseux* ; 5°. le strié opaque ; 6°. le strié demi-transparent ; 7°. le sulfate de chaux à dix faces ; 8°. le même à dix faces en cristaux accolés ; 9°. le sulfate de chaux lenticulaire.

Le sulfate de magnésie, bien distinct par sa saveur amère, a deux variétés, l'une en prismes à quatre pans avec des sommets à deux faces, l'autre en prismes à quatre pans avec des sommets à quatre faces.

Le sulfate triple d'alumine ou l'alun, que l'auteur caractérise par sa transparence limpide et sa cassure vitreuse, se divise en cinq variétés ; savoir, en octaèdre régulier, en octaèdre incomplet dans ses bords et ses angles solides, en segment d'octaèdre, en rocher informe, en plume ou en filamens.

En ajoutant les neuf variétés des trois sulfates métalliques que le citoyen Daubenton réunit aux espèces précédentes, cela forme trois genres, douze espèces et trente-sept variétés de substances salines qu'il admet dans sa méthode minéralogique, nombre beaucoup plus considérable que celui que les naturalistes y avaient reconnu avant lui.

9. Dans la méthode adoptée par l'école des mines de France, pour classer les minéraux, et déja publiée par le citoyen Haüy à qui elle est due, les matières salines sont distinguées des pierres et forment une seconde classe qui a pour titre : *Substances acidifères composées d'un acide uni à une terre ou à un alcali.* Le nom de sels n'y a point été employé comme on le fait et comme on doit le faire dans un systême chimique. Cette disposition fait voir d'abord qu'on a soigneusement écarté les combinaisons salines des composés pierreux, qu'on a évité la confusion qui avait jusque-là régné dans les systêmes de minéralogie, et qu'on a senti l'impérieuse nécessité de ne plus renfermer désormais dans la même classe des substances salinifiées ou acidifères, et des substances qui ne le sont pas. L'auteur avertit que la méthode adaptée à cette seconde classe suit une marche régulière, parce qu'elle est subordonnée aux résultats de l'analyse. C'est avouer avec raison qu'il n'y a pas de véritables distinctions entre les minéraux, sans qu'elles soient fondées sur la nature des fossiles. L'avantage d'une pareille marche est non seulement de mettre de l'ordre et de la liaison dans les idées, mais même de donner des notions exactes sur les substances qu'on veut définir ou faire connaître. On voit d'ailleurs que cette partie de la minéralogie n'est exacte et vraiment terminée, que parce que l'analyse chimique des matières qu'elle traite est achevée et précise.

10. Les divisions qui partagent cette seconde classe de

minéraux présentent trois ordres fondés sur la nature des bases : c'est d'après celles-ci que les minéralogistes français ont établi leurs méthodes, au lieu de prendre les distinctions sur les acides, parce que les idées minéralogiques se portent plus particulièrement sur les terres et les alcalis, qui ne sont considérés que comme acidifères. Aussi les dénominations des espèces commencent-elles par celles des bases auxquelles on ajoute celles des acides, en leur donnant la terminaison adjective. Il y a trois ordres dans cette classe : le premier comprend les substances acidifères terreuses; le second, les substances acidifères alcalines; au troisième ordre se rapportent les substances acidifères alcalino-terreuses. Ici la coupe est fort irrégulière; car on ne trouve qu'une seule espèce sans genre dans le troisième ordre, tandis que les genres et les espèces sont plus ou moins multipliés dans les deux premiers ordres. La raison pour laquelle on a choisi les bases pour chefs des divisions dans cette nouvelle méthode, porte spécialement sur ce que le minéralogiste devant observer la nature, son attention doit se fixer plus particulièrement sur ce qui frappe ses sens, sur la substance la plus fixe, et non sur ce qui lui échappe le plus souvent. Les terres et les alcalis sont en effet dans le premier cas, et les acides dans le second. D'ailleurs, le minéralogiste doit se contenter d'appliquer les résultats de l'analyse à l'observation du travail de la nature, tandis que le chimiste essaye au contraire de ramener le travail de la nature aux résultats de l'analyse.

11. Le premier ordre renferme les substances acidifères terreuses; il est divisé en quatre genres déterminés par les quatre terres qu'on a trouvées jusqu'ici saturées d'acides dans la nature; savoir, la chaux, la barite, la strontiane et la magnésie. On voit qu'il n'est ici question que des quatre terres alcalines; et en effet il n'a pas encore été reconnu de silice, d'alumine, de glucine ou de zircone acidifères parmi les fossiles. On peut cependant regarder, comme je l'ai fait

voir ailleurs, certaines argiles comme du sulfate d'alumine; et quelques variétés de fluate de chaux comme des sels triples silicifères.

12. Le premier genre ou la chaux acidifère offre cinq espèces; savoir, la *chaux carbonatée*, la *chaux phosphatée*, la *chaux boratée* et la *chaux sulfatée*.

Dans les variétés de la première espèce, on décrit environ quarante formes déterminables; mais comme le nombre de ces variétés paraît être immense, le citoyen Haüy a divisé l'espèce en trois sections de formes déterminables, de formes imitatives, et de formes indéterminables.

La chaux phosphatée présente, parmi les formes déterminables, la *primitive*, la *péridodécaèdre*, l'*annulaire*, l'*émarginée* et l'*acrostique*.

La chaux fluatée offre en variétés, pour les mêmes formes, la *primitive* ou l'*octaèdre*, la *cubique*, la *dodécaèdre*, la *cubo-octaèdre*, l'*émarginée*, la *cubo-dodécaèdre*, la *bordée*; parmi les formes indéterminables, l'*alabestrite* et l'*informe*; par rapport aux couleurs, la *rouge*, la *violette*, la *verte*, la *bleue*, la *jaune*, la *violette-noirâtre*; et relativement à la transparence, la *limpide*, la *demi-transparente* et l'*opaque*.

La chaux boratée contient, comme on l'a vu ailleurs, de la magnésie; la forme a deux variétés, la *frustanée* et la *surabondante*.

Dans la chaux sulfatée, le citoyen Haüy suit la même marche que la précédente pour la distinction des variétés.

13. Le second genre du premier ordre occupé par la barite acidifère ne donne que deux espèces; savoir, la *barite sulfatée* et la *bartie carbonatée*. J'ai fait connaître, dans l'histoire de ces espèces, les variétés principales qu'elles présentent parmi celles que le citoyen Haüy a décrites; je n'ai rien à y ajouter ici, si ce n'est la remarque générale, qu'on reconnaît ces deux espèces parmi toutes celles des substances acidifères que la nature présente à l'aide de leur pesanteur très-

considérable, et l'une de l'autre, en ce que la seconde fait avec les acides une vive effervescence que n'offre point la première.

14. Le troisième genre du premier ordre est consacré à la strontiane acidifère. Dans la première publication de sa Minéralogie, le citoyen Haüy ne connaissait et n'avait énoncé qu'une espèce unique de ce genre ; savoir, la *strontiane carbonatée* ou le carbonate de strontiane qui, avec une pesanteur très-voisine de celle de la barite carbonatée et avec une égale propriété de faire effervescence avec les acides, se distinguait spécialement par la lumière purpurine qu'elle donnait au chalumeau. Mais depuis, les naturalistes ont trouvé un sulfate de strontiane qu'on avait confondu avec un sulfate de barite et qui forme un seconde espèce native de ce genre : de sorte que la strontiane est exactement dans la même condition que la barite par rapport aux deux acides différens avec lesquels on la trouve combinée parmi les fossiles. Le sulfate de strontiane se distingue de celui de barite, dont il se rapproche par la forme et la pesanteur, parce qu'il se pénètre à un grand feu d'une lumière phosphorique rouge purpurine, sans donner comme lui cependant un phosphore par sa calcination avec le charbon, comme le fait ce dernier, qui constitue par ce traitement le phosphore de Bologne dont j'ai parlé dans son histoire particulière.

15. Le quatrième genre du même ordre comprend la magnésie acidifère. On n'y trouve qu'une espèce, que le citoyen Haüy indique comme unique : c'est la *magnésie sulfatée* ou le sulfate de magnésie. J'ai dit, dans l'article du carbonate, tout ce qu'on sait sur son existence fossile et sur ses variétés minérales. Il faut ajouter à cette espèce celle de la magnésie unie à l'acide boracique avec la chaux en sel triple, à la vérité, dont il a déjà été question dans le premier genre. Il est permis de soupçonner de plus, quoique aucun fait positif ne l'annonce encore, que la magnésie existe aussi combinée

avec l'acide carbonique dans l'intérieur de la terre, et qu'elle doit ressembler à cet égard à la chaux, à la barite et à la strontiane, qui s'y rencontrent combinées avec le même acide. Mais on ne doit pas se contenter de deviner la nature, et on ne peut pas compter cette espèce parmi les produits naturels, quelque vraisemblable que soit son existence.

16. Dans le second ordre de cette classe de minéraux, on distingue trois genres, la potasse, la soude et l'ammoniaque acidifères. Je remarquerai qu'il n'est pas possible de donner à chacun d'eux des caractères génériques qui ne soient pas puisés dans les propriétés chimiques, et qui puissent en faire reconnaître la différence par des propriétés physiques, sensibles ou extérieures; au moins pour réussir dans ce dernier parti, il est nécessaire de cumuler un si grand nombre de propriétés que l'esprit est embarrassé dans le choix et le triage qu'il est obligé d'en faire pour distinguer chaque genre: ce qui prouve que la méthode ne peut plus être conduite ici que par les lumières de la chimie, et que la minéralogie est bien véritablement une branche de cette science, et s'en rapprochera d'autant plus qu'elle fera plus de progrès dans l'art de classer les productions minérales.

17. Le premier genre du second ordre ou la potasse acidifère ne contient qu'une espèce, la *potasse nitratée* ou le nitrate de potasse, bien reconnaissable parmi toutes les espèces de sels par sa détonation sur les charbons ardens.

La soude acidifère ou le second genre renferme trois espèces, 1°. la *soude muriatée* ou le muriate de soude, caractérisé par sa forme cubique et sa saveur salée, et le seul des sels alcalins qui se trouve en masses, en blocs ou en filons dans la terre; 2°. la *soude boratée* ou le borate de soude; 3°. la *soude carbonatée* ou le carbonate de soude. On est étonné de ne pas trouver dans ce genre la *soude sulfatée* ou le sulfate de soude, qui se montre si fréquemment en efflorescence sur les murs des vieux édifices, dans les souterrains; il est vrai que ce sel ne fait pas partie des fossiles proprement dits.

Le troisième et dernier genre de cet ordre, l'ammoniaque acidifère se réduit à une seule espèce; savoir *l'ammoniaque muriatée* ou le muriate d'ammoniaque qu'on extrait du voisinage des volcans, ou qu'on trouve souvent sublimé dans leurs cratères. Peut-être devrait-on ajouter à cette espèce celle de l'ammoniaque sulfatée ou du sulfate d'ammoniaque que plusieurs naturalistes disent aussi se rencontrer dans les produits sublimés des feux souterrains.

18. Quant au troisième ordre de ces composés salins natifs, le citoyen Haüy le compose des substances acidifères alcalino-terreuses; mais comme il ne contient que l'alun sous le nom d'*alumine sulfatée alcaline*, il semble qu'il n'était pas nécessaire de faire un ordre tout entier pour n'y renfermer qu'une espèce unique, ou qu'il eût été également nécessaire de créer un ordre particulier pour le borate magnésio-calcaire, puisque celui-ci contient aussi deux bases unies tout-à-la-fois à la chaux et à la magnésie.

19. Quoique ces dix-sept ou dix-huit espèces de composés salins ou acidifères ne paraissent ni assez nombreuses ni assez difficiles à caractériser comme à reconnaître pour exiger des développemens multipliés, le citoyen Haüy doit ajouter à sa classification générale dont je viens de rendre compte, comme à celle de la première classe des pierres, des tableaux qui, en présentant les propriétés comparées de ces corps, serviront de complément à sa méthode. Voici celui qui offre le partage et la classification systématique de ces sels naturels.

SECONDE CLASSE

Des minéraux.

Substances acidifères.

ORDRE I.

Substances acidifères terreuses.

Genre I. — *Chaux.*

Espèce I. *Chaux carbonatée.*

Espèce II. *Chaux phosphatée.*

Espèce III. *Chaux fluatée.*

Espèce IV. *Chaux boratée.*

Espèce V. *Chaux sulfatée.*

Genre II. — *Barite.*

Espèce I. *Barite sulfatée.*

Espèce II. *Barite carbonatée.*

Genre III. — *Strontiane.*

Espèce I. *Strontiane sulfatée.*

Espèce II. *Strontiane carbonatée.*

Genre IV. — *Magnésie.*

Espèce I. *Magnésie sulfatée.*

ORDRE II.

Substances acidifères alcalines.

Genre I. — *Potasse.*

Espèce I. *Potasse nitratée.*

Genre II. — *Soude.*

Espèce I. *Soude muriatée.*

Espèce II. *Soude boratée.*

Espèce III. *Soude carbonatée.*

Genre III. — *Ammoniaque.*

Espèce I. *Ammoniaque muriatée.*

ORDRE III.

Substances acidifères alcalino-terreuses.

ESPÈCE UNIQUE. *Alumine sulfatée alcaline, ou alun.*

20. Il est difficile, en voyant d'une part le petit nombre de substances classées dans ce tableau, et d'un autre l'appareil méthodique, la division en ordres, en genres et en espèces, de ne pas sentir qu'il eût été possible de se passer d'un appareil si compliqué, que le peu d'objets qu'il renferme et les moyens faciles de les distinguer les uns des autres ne paraissaient pas exiger une complication aussi grande. Il est peut-être encore plus difficile d'imaginer pourquoi on a cru devoir changer la nomenclature chimique des sels, et risquer en quelque sorte d'en compromettre l'usage dans les langues étrangères, lorsque, frappé du peu de nécessité qu'il y avoit de créer un système de classification pour un aussi petit nombre de productions naturelles, on peut penser qu'il eût suffi d'emprunter des chimistes méthodistes l'ordre qu'ils avoient déja établi parmi les sels, et qu'il n'eût pas été dès-lors besoin de suivre, pour les classer, la série de leurs bases. On auroit pu avoir recours à cette disposition minéralogique particulière, si elle avait été susceptible de fournir des caractères extérieurs palpables, univoques, constans, assez nombreux pour les bien distingner. Mais ce dernier but ne pouvant pas être rempli, il semble que c'était une raison pour ne pas chercher une méthode différente de celle des chimistes, et se mettre dans le cas de modifier sans une utilité pressante les noms donnés à ces composés salins.

21. En effet, il est fort simple, en tirant en quelque sorte du sein de la nombreuse tribu des sels qu'on a fait connaître les espèces qui font partie des fossiles, ou qui se trouvent

parmi les productions minérales, de leur assigner des caractères faciles à reconnaître, qui n'exigeront que les essais chimiques dont les boîtes des minéralogistes et des voyageurs fournissent toujours les moyens ; et l'on va voir par l'essai suivant qu'il ne paraissait pas nécessaire de bouleverser pour cela la méthode et la nomenclature des chimistes. Il y a sept genres de sels dont un nombre plus ou moins considérable d'espèces se rencontrent assez souvent et ont été reconnues dans la terre ; on peut aisément distinguer chacun de ces genres, et les espèces qui en dépendent, par quelques propriétés bien tranchées, de la manière suivante :

22. GENRE I. — *Sulfates.*

Caractères génériques. Ils répandent une odeur fétide de soufre et de gaz hidrogène sulfuré, quand on les chauffe avec du charbon au chalumeau.

ESPÈCE I. *Sulfate de barite.*

Caractères spécifiques. Indissoluble, cristallisé, insipide, donnant par la calcination avec le charbon le phosphore de Bologne.

ESPÈCE II. *Sulfate de strontiane.*

Caractères spécifiques. Différent du précédent par la lueur phosphorique purpurine qu'il donne au chalumeau.

ESPÈCE III. *Sulfate de chaux.*

Caractères spécifiques. Insipide ; calcinable en plâtre ; dissoluble dans 500 parties d'eau.

ESPÈCE IV. *Sulfate de soude.*

Caractères spécifiques. Amer et frais ; coulant d'abord au chalumeau ; très-dissoluble ; cristallisable par le refroidissement ; s'effleurissant à l'air.

ESPÈCE V. *Sulfate de magnésie.*

Caractères spécifiques. Très-amer, très-dissoluble ; cristallisable en prismes carrés ; décomposable et précipité par la soude.

ESPÈCE VI. *Sulfate d'alumine et de potasse ; alun.*

Caractères spécifiques. Crist. en octaèdres ; saveur styptique.

GENRE II. — *Nitrates.*

Caractères génériques. Ils détonent sur les charbons ; donnent du gaz oxigène par l'action du feu, et dégagent, après avoir été chauffés, une vapeur rouge par l'acide sulfurique concentré.

ESPÈCE I. *Nitrate de potasse ; nitre.*

Caractères spécifiques. Saveur fraîche ; aisément cristallisable en aiguilles ; fusible sans se dessécher ; inaltérable à l'air.

ESPÈCE II. *Nitrate de chaux.*

Caractères spécifiques. Déliquescent, âcre, toujours humide ou dissous ; précipité par la potasse et les sulfates alcalins.

GENRE III. — *Muriates.*

Caractère générique. L'acide sulfurique concentré en dégage l'acide en vapeur blanche, et avec l'odeur qui le distingue.

ESPÈCE I. *Muriate de soude.*

Caractères spécifiques. Saveur salée; cristallisation en cubes; décrépitation sur les charbons.

ESPÈCE II. *Muriate de chaux.*

Caractères spécifiques. Peu cristallisable; très-déliquescent; très-amer et très-âcre.

ESPÈCE III. *muriate de magnésie.*

Caractères spécifiques. Non cristallisable; déliquescent; précipitable par l'eau de chaux.

GENRE IV. — *Phosphates.*

Caractères génériques. Fusibles à un grand feu en émail ou en verre; décomposables par les acides, qui en séparent l'acide phosphorique.

ESPÈCE I. *Phosphate de chaux.*

Caractères spécifiques. Insipide; indissoluble; donnant une belle flamme d'un vert jaunâtre, lorsqu'on le jette en poudre sur des charbons allumés.

GENRE V. — *Fluates.*

Caractères génériques. Fusibles en verre ; donnant avec l'acide sulfurique concentré une vapeur blanche qui dépolit et ronge le verre et le quartz.

Espèce I. *Fluate de chaux.*

Caractères spécifiques. Cristallisable en cubes ; ayant un octaèdre pour forme primitive ; donnant sur les charbons une lueur bleuâtre ou verdâtre.

GENRE VI. — *Borates.*

Caractère générique. On en extrait l'acide boracique à paillettes brillantes par les acides sulfurique, nitrique, muriatique et phosphorique.

Espèce I. *Borate de chaux et de magnésie.*

Caractères spécifiques. Forme cubique à angles et bords remplacés par des facettes ; électricité inverse dans deux angles opposés ; dureté excessive ; insipidité ; indissolubilité.

Espèce II. *Borate de soude ; borax.*

Caractères spécifiques. Sapide et alcalin ; dissoluble ; cristallisable en prismes tétraèdres ou hexaèdres.

GENRE VII. — *Carbonates.*

Caractère spécifique. Faisant, avec tous les acides affaiblis étendus d'eau, une effervescence vive et continue, due au dégagement de l'acide carbonique.

ESPÈCE I. *Carbonate de barite.*

Caractère spécifique. Ne perdant son acide au feu qu'à l'aide du charbon, avec lequel on le calcine.

ESPÈCE II. *Carbonate de strontiane.*

Caractère spécifique. Différent du précédent par la lueur purpurine qu'il donne au chalumeau.

ESPÈCE III. *Carbonate de chaux.*

Caractère spécifique. Donnant de la chaux pure et vive par l'action du feu.

ESPÈCE IV. *Carbonate de soude.*

Caractères spécifiques. Saveur âcre; s'effleurissant promptement et complétement à l'air.

ESPÈCE V. *Carbonate d'alumine.*

Caractère spécifique. Argile insipide, se dissolvant peu à peu avec effervescence dans des acides chauds.

ARTICLE XVIII.

Des sels qui se trouvent dissous dans les eaux naturelles et de l'analyse des eaux minérales.

1. Les sels que la nature présente et que l'on trouve parmi ses productions, ne sont pas seulement sous la forme sèche, solide ou cristalline de fossiles. Le plus grand nombre se trouve aussi dissous dans les eaux, et souvent elles en contiennent qu'on ne rencontre point à l'état solide. Il faut donc, pour le complément de leur connaissance, s'occuper de la nature des eaux, des principes salins et étrangers qu'elles peuvent contenir et qui les minéralisent, de leur classification fondée sur ces principes, de l'art de les reconnaître ou de les analyser, ainsi que de celui de les imiter.

2. Il est facile de comprendre que l'eau qui descend des montagnes, qui s'en précipite avec vîtesse sous la forme de torrens, qui coule en masse dans les fleuves et les rivières, et sur-tout que les eaux qui se filtrent peu à peu dans les cavités souterraines qui parcourent lentement les lits de la terre, et qui trouvant des couches d'argile dont elles ne peuvent pas pénétrer l'épaisseur, reparaissent à la surface du sol, où elles forment les sources et les ruisseaux, doivent dissoudre dans leur trajet les diverses matières salines qu'elles traversent ou qu'elles touchent suivant leurs divers degrés de dissolubilité; qu'elles doivent s'en charger d'autant plus et d'un nombre d'espèces d'autant plus considérable qu'elles traversent plus de terrain, qu'elles y séjournent plus long-temps; que, suivant la diversité des couches salines qu'elles pénètrent et des sels qu'elles trouvent dans leur chemin, elles doivent opérer entre eux diverses réactions et décompositions.

3. L'art de reconnaître ces différens sels dissous par les

eaux, d'en estimer la proportion, est un des travaux les plus difficiles qu'on puisse se proposer en chimie. Il exige qu'on connaisse parfaitement les propriétés caractéristiques de toutes les substances salines, qu'on possède bien les notions exactes de leur action réciproque, pour ne point admettre simultanément, comme on l'a fait si souvent, des sels qui se détruisent les uns par les autres, et qui ne peuvent pas subsister ensemble dans la même dissolution. Il demande une grande sagacité et une grande finesse dans le chimiste, soit à cause de la multiplicité des principes qui existent dans ces liquides, soit en raison de la petite quantité de chacun de ceux qui y sont dissous. Souvent, d'après la remarque de Bergman, la somme des corps salins dissous dans une eau ne passe pas $\frac{1}{6000}$ de son poids, et cependant elle se trouve composée de six ou huit substances différentes; de sorte que quelques-unes d'entre elles peuvent fort bien ne pas aller au-delà de $\frac{1}{100000}$.

4. Quoique les matières salines constituent les principes minéralisateurs les plus fréquens, les plus abondans, les plus actifs des eaux, elles y sont souvent accompagnées d'autres corps qu'il faut y reconnaître en même temps, et dont la présence complique singulièrement leur nature et leur analyse. On a donc raison de regarder cette branche de la chimie comme une des plus difficiles, et comme celle qui demande, dans ceux qui s'y livrent, les lumières les plus étendues et les plus grandes ressources dans l'esprit. Quoique je ne doive pas me proposer de traiter ici des eaux minérales avec tous les développemens qu'elles exigeraient, si l'on voulait les connaître dans tout leur ensemble, l'objet est cependant trop important; il est de nature à offrir un résumé si utile des propriétés des matières salines, qu'il m'a paru nécessaire de consacrer quelques détails méthodiques à cette exposition. En conséquence, je traiterai dans six paragraphes successifs, 1°. de l'histoire des principales

découvertes qui concernent les eaux minérales; 2°. des matériaux salins qu'on y trouve, en y joignant une esquisse rapide des corps non salins qui s'y rencontrent en même temps; 3°. de la classification des eaux minérales d'après ces matériaux ; 4°. des réactifs qui peuvent les déceler , et des moyens d'employer ces réactifs avec fruit ; 5°. de l'analyse par l'évaporation ; 6°. enfin de leur synthèse ou de la fabrication artificielle des eaux minérales.

§. Ier.

Des époques des principales découvertes relatives aux eaux minérales.

5. Les hommes ont d'abord distingué les eaux par leur saveur ; bientôt leurs divers effets dans les arts, et les besoins de la vie ont fait découvrir leurs principales qualités, quoiqu'on ait ignoré long temps à quelles substances ces différences étaient dues. Hippocrate louait les eaux limpides , légères , inodores et insipides ; il rejetait les dures, les salées , les alumineuses , celles des lacs et des étangs. Pline distinguait les eaux nitreuses, les acidules, les salées, les alumineuses, celles chargées de soufre, de fer, ou de bitume ; il les divisait encore en salubres, médicinales, vénéneuses , en froides , tièdes et chaudes ; il rejetait celles qui ne pouvaient pas cuire les légumes, qui laissaient un enduit dans les vases où elles bouillaient, qui enivraient. Il conseillait de corriger les mauvaises eaux en les réduisant à moitié par le feu. Mais ces notions, quoique assez exactes, n'étaient fondées que sur des effets observés, et non sur la connaissance des principes des eaux. C'est un trait bien frappant dans l'histoire de l'esprit humain, que l'antiquité ait entièrement ignoré l'art de décomposer les corps, et que les connaissances ainsi que les instrumens chimiques lui ont entièrement manqué.

6. Avant le commencement du dix-septième siècle, on ne

trouve dans l'histoire de la chimie rien qui ait aucun rapport avec l'art d'analyser les eaux.

André Baccius, le premier qui ait traité des eaux, ex professo, en 1596, ne dit pas un seul mot d'expériences sur leur décomposition.

A peu près à la même époque, Tabernæ-Montanus ou Jean Théodoze n'en parle pas davantage dans son Enumération des eaux de l'Allemagne.

Boyle, en 1663, a parlé de quelques réactifs et de leurs effets sur les eaux, sur-tout par rapport à l'action des acides et des alcalis sur les couleurs bleues végétales. Il a connu la précipitation des dissolutions d'argent et de mercure par l'alcali, par l'acide muriatique; la coloration dorée de l'argent par les eaux sulfuriques.

Duclos, dès 1665, entreprit l'analyse des eaux minérales de la France dans le sein de l'académie des sciences; il employa la noix de galle, le sulfate de fer et le tournesol comme réactifs. Il commença à examiner les résidus des eaux évaporées.

En 1680, Urbain Hierne publia sur les eaux de Suède des essais qui ne sont pas sans mérite; il distingua sur-tout les eaux acidules de Médvi, et en fit adopter l'usage. Il donna quelques observations critiques et utiles sur les réactifs, qu'on commençait à employer.

Boyle a donné en 1785 de nouveaux préceptes pour reconnaître les principes des eaux; il proposa le sulfure ammoniacal ou sa *liqueur fumante*, les dissolutions de nitre, de sel marin, de muriate d'ammoniaque, d'acétite de plomb, l'acide nitrique, l'acide muriatique et l'ammoniaque.

7. Dans les premières années du dix-huitième siècle, l'analyse des eaux fit de nouveaux progrès. Régis et Didier employèrent les fleurs de mauves pour reconnaître les acides et les alcalis; Boulduc, l'eau de chaux; Burlet l'alun, le papier de tournesol. Les procédés analytiques reçurent de

grandes améliorations ; Geoffroy substitua, en 1707, à la distillation l'évaporation des eaux dans des capsules de verre évasées; en 1726 et 1727, Boulduc conseilla de séparer les matières déposées ou cristallisées à diverses époques de l'évaporation, de précipiter les eaux par l'alcool pour en connaître la nature avant de les faire évaporer. De cette époque jusqu'au milieu du dix-septième siècle, on a encore multiplié les réactifs ; mais les conséquences qu'on a tirées de leurs effets ont long temps été incertaines et erronées.

8. Pendant les temps cités, les opinions sur les principes des eaux ont été très-inexacts. Paracelse y admit une terre particulière, les sels et les métaux en général. En 1699, Legivre attribuait leur qualité acidule à l'*alun*, que Duclos y a niée; ce dernier y soupçonna le sulfate de chaux, qu'Allen y montra le premier en 1711, sous le nom de sélénite. Hierne découvrit la soude, qu'on nommait *nitre*, en 1682 : Hoffman et Boulduc ont confirmé cette découverte. Lister, aussi en 1682, trouva la chaux dans les eaux; Leroi, le muriate de chaux, en 1754; Home, le nitrate calcaire en 1756 ; Margraff, le muriate de magnésie en 1759 ; et Black a fait connaître la vraie nature du sulfate de magnésie, sur lequel Grew avait écrit un petit ouvrage en 1696, et qui était déja connu sous le nom *sel cathartique amer*, dans les eaux d'Epsom, d'Egra, de Sedlitz et Seidschutz. On discuta longuement sur la présence du sulfate de fer que les uns disaient exister presque dans toutes les eaux, et auquel d'autres substituèrent une prétendue *mine* de fer subtil, l'ame de ce métal, un vitriol volatil, etc.

9. Au commencement du dix-septième siècle, les eaux spiritueuses n'excitèrent pas moins de discussion parmi les chimistes. Hoffman y admit un acide volatil, et facile à se dissiper ; il y admit en même temps de l'alcali que d'autres nièrent, parce qu'ils regardaient cet alcali comme produit nécessaire du feu. Henckel croyait que cet alcali provenait du

sel marin, sans pouvoir expliquer comment il perdait son acide. Le docteur Seip, attribuant cette acidité des eaux à un esprit sulfureux qu'on pouvait en obtenir par la distillation, expliquait leur changement à l'air par son union avec l'alcali, qui ne pouvait avoir lieu que par son contact, et non dans les conduits souterrains. En 1748, le docteur Springsfeld regarda l'air comme la cause de la dissolution des principes salins et terreux dans l'eau, principes qui s'en déposaient à mesure que l'air s'évaporait. Cette opinion fut fortement soutenue en 1755 par Venel, qui trouva de plus le moyen d'imiter assez bien les eaux acidules en dissolvant dans des vases fermés du carbonate alcalin, à l'aide d'un acide.

10. Les discussions relatives à ces eaux acidules ont été terminées et leur nature a été exactement connue par la découverte de Black sur l'air fixe ou acide carbonique, et par les recherches successives de Bergman, de Priestley, de Rouelle, de Chaulnes, de Gioanetti, du citoyen Guyton, etc. qui ont appris à dissoudre artificiellement cet acide gazeux dans l'eau, à l'en tirer par différens procédés, à en déterminer exactement la proportion, à le regarder comme le dissolvant de la craie ou carbonate de chaux, du carbonate de magnésie, du carbonate de fer. Cette découverte capitale en chimie a expliqué pourquoi les eaux acidules se troublaient par l'exposition à l'air, par l'ébullition, pourquoi elles déposaient de la rouille de fer, à leur surface, dans les canaux qu'elles parcouraient, pourquoi elles formaient des incrustations calcaires sur les corps qui y étaient plongés.

11. Les eaux sulfureuses dans lesquelles une foule de faits prouvaient l'existence du soufre, sans que les chimistes aient pu, pendant long temps, en découvrir la cause de la dissolubilité, ont été connues par les travaux de Bayen, qui a donné dès 1770 des moyens de l'en séparer; de Monnet, qui y avait soupçonné la vapeur du foie de soufre en 1768; de Bergman, qui y découvrit le gaz de ce composé, qu'il nomma gaz

hépatique en 1774; et de Rouelle, qui confirma bientôt la découverte du célèbre chimiste d'Upsal. J'ai moi-même donné des détails fort étendus sur les eaux sulfureuses, dans mon Analyse de l'eau d'Enghien, publiée en 1787; j'ai fait voir que l'union du soufre et de l'hidrogène était le véritable minéralisateur de cette eau; et M. Giobert a depuis étendu et confirmé cette assertion dans son Traité, très-bien fait, de l'eau de Vaudier donné en 1793. Il ne reste plus rien à desirer aujourd'hui sur les eaux sulfureuses, qui sont aussi bien connues que les acidules.

12. Quoique la connaissance et l'analyse exactes des eaux minérales ne puissent être regardées comme vraiment acquises que depuis ces derniers temps, plusieurs chimistes ont entrepris, à différentes époques, de faire des traités généraux et plus ou moins complets de ces dissolutions salines naturelles. Wallerius en 1748, Cartheuser en 1758, Monnet en 1772, Bergman en 1778, ont publié des hidrologies et des méthodes pour analyser les eaux. Il y a de plus un grand nombre d'ouvrages monographiques sur quelques eaux en particulier, qui par leur mérite, le grand nombre de détails précieux qu'ils contiennent, et les données nouvelles qu'ils présentent, doivent être regardés comme des guides sûrs dans l'art difficile de faire l'examen chimique de ces liquides. Ceux de Bergman sur les fontaines d'Upsal, les eaux de Danemarck; de Black, sur plusieurs eaux d'Islande; de Gioanetti, sur celles de Courmayeur; de Giobert, sur l'eau de Vaudier, et, s'il m'est permis de me citer moi-même, celui que j'ai donné sur l'eau d'Enghien, sont spécialement dans cet ordre. On a aussi beaucoup avancé, depuis vingt-cinq ans, l'art d'imiter les eaux minérales par des dissolutions artificielles de diverses matières salines dans l'eau pure. Les dissertations de Bergman sur la recomposition des eaux de Seidschutz, de Seltz, de Spa et de Pyrmont; l'art d'imiter les eaux minérales par le citoyen Duchanoy, médecin de Paris, doivent être rangés dans cette classe. Ils sont le complément de l'analyse des eaux et en attestent les progrès.

§. II.

Des matières salines et des autres principes qui minéralisent les eaux.

13. Les nombreuses analyses d'eaux minérales, faites depuis quarante ans sur-tout avec assez d'exactitude pour en déterminer les principes, ont appris que les plus fréquens comme les plus abondans minéralisateurs de ces eaux se trouvent dans la classe des corps salins. C'est pour cela qu'il est plus naturel de traiter de ces liquides à la suite de l'histoire des sels, que dans toute autre partie d'un système méthodique de chimie. En général, tout ce qu'on a découvert sur ces principes salins minéralisateurs des eaux, nous apprend que c'est surtout dans la classe des sels qu'on nomme fossiles, que se rencontrent ceux qu'elles tiennent en dissolution. Il y a cependant deux réflexions remarquables à faire sur cet objet : la première, c'est que les sels fossiles peu ou non dissolubles ne se trouvent point dans les eaux minérales ; la seconde, c'est qu'au contraire les plus dissolubles, et spécialement ceux qui sont dans la classe des déliquescens, ne se rencontrent que dissous, et jamais sous forme sèche. Il suffit d'énoncer ces vérités, pour les reconnaître absolument dépendantes de la nature des choses.

14. Parmi les sulfates, on connaît dans les eaux, 1°. le sulfate de soude, qui se trouve sur-tout dans celles de la mer, des sources et des fontaines salées ; 2°. le sulfate de chaux, qui existe spécialement dans les eaux de puits, et qui constitue souvent celles qu'on nomme eaux *crues* ou *dures*; 3°. le sulfate de magnésie, qu'on a retiré d'abord de quelques eaux minérales, et qu'on a nommé, à cause de cela, sel d'Epsom, sel de Sedlitz, etc. Ce sel forme en particulier les eaux pur-

gatives ; 4°. le sulfate acide d'alumine et de potasse : celui-ci y est le plus rare de tous ; on l'y croyait autrefois très-fréquent ; 5°. on n'a point trouvé dans les eaux les sulfates de barite et de strontiane, qui cependant sont manifestement déposés en cristaux de leurs dissolutions naturelles, non plus que les sulfates de potasse, d'ammoniaque, etc.

15. Aucun chimiste n'a encore annoncé la présence d'un sulfite quelconque dans les eaux minérales : il n'est pas cependant impossible que quelques-uns de ces sels, sur-tout les sulfites de potasse, de soude et d'ammoniaque, se rencontrent quelque jour dans les eaux voisines des volcans, puisque ces sels s'y forment souvent par les matériaux qui y existent ; mais dans le cas même où ils y seraient dissous, ils passeraient promptement à l'état de sulfates par le contact de l'air et l'absorption de l'oxigène.

16. Quoique plusieurs espèces de nitrates soient très-fréquentes à la surface du globe, il est rare de les rencontrer dans les eaux minérales. Cependant on en sépare quelquefois du nitre ou du nitrate de potasse, du nitrate de chaux ou du nitrate de magnésie. Ces sels existent particulièrement dans les eaux de mares, d'étangs, de lacs, ou se décomposent des matières végétales ou animales, ainsi que dans celles de quelques puits ou citernes qui traversent des terrains imprégnés de ces matières. On les extrait sur-tout des lessives des plâtras exploités par les salpêtriers ; et souvent deux ou trois d'entre eux constituent la plus grande partie des principes de ces lessives.

17. Les muriates sont les sels le plus fréquemment et le plus abondamment contenus dans les eaux minérales ; on y trouve sur-tout le muriate de soude, ceux de chaux, et de magnésie qui accompagnent souvent le premier ; beaucoup plus rarement le muriate de barite, indiqué par Bergman dans quelques eaux. On n'y a découvert ni le muriate de potasse, ni celui d'ammoniaque, ni ceux de strontiane, d'alumine, etc. Il est

un grand nombre d'eaux dont la présence et la quantité notable de muriate de soude déterminent la nature et constituent le principal caractère.

18. On n'a point encore trouvé de phosphates ni de fluates en dissolution dans les eaux minérales. Les phosphates terreux, et sur-tout le phosphate de chaux, le seul qu'on ait rencontré parmi les fossiles, sont, à la vérité, indissolubles; d'ailleurs ils sont peu répandus dans la nature. Cependant on ne peut pas douter que ces sels déposés en lames spathiques ou en cristaux réguliers et transparens, constituant l'apathite et la chrysolite, a été dissous dans l'eau et s'est séparé lentement de sa dissolution. Quant aux phosphates alcalins dissolubles, comme ils n'existent jamais dans les couches de minéraux, on ne doit point les rencontrer dans les eaux. Parmi les fluates, le seul que l'on connaisse dans les fossiles, le fluate de chaux, quoique manifestement déposé par l'eau, n'a jamais encore été trouvé dissous dans les eaux minérales.

19. Il faut en dire autant des borates. Le borax ou borate sursaturé de soude, celui qui paraît exister dans quelques eaux naturelles de la Perse, de l'Inde, de la Chine et du Japon, n'a cependant point été reconnu encore parmi les principes minéralisateurs des eaux. Le borate magnésio-calcaire montre par son gîte, sa cristallisation, sa demi-transparence ou sa transparence parfaite, que sa formation est due à l'eau; cependant on n'a rien trouvé dans les eaux du voisinage de Lunebourg, seul lieu où existe le borate qu'on y nomme *quartz cubique*, qui en annonce l'existence, et qui éclaire sur sa cristallisation et son dépôt.

20. Les carbonates sont au contraire les plus fréquens et souvent les plus abondans des sels qui minéralisent les eaux, comme ils le sont sous forme solide parmi les couches des fossiles. On dirait que ces composés sont ceux qui coûtent le moins à la nature et qu'elle fait avec le plus de profusion. Quoique

les carbonates de chaux et de magnésie soient presqu'insolubles, rien n'est si fréquent que de trouver ces deux sels parmi les principes minéralisateurs des eaux : ils y sont dissous, à la vérité, à l'aide de l'acide carbonique, qui se dégage par le feu, par le contact de l'air, et qui laisse précipiter les deux sels à mesure qu'il se volatilise. Le carbonate de soude se rencontre dans plusieurs eaux, qu'on nomme même, en raison de sa présence, eaux alcalines : il est fort ordinaire que de pareilles eaux soient en même temps acidules ou chargées en même temps d'acide carbonique. Il est plus rare qu'on trouve le carbonate d'ammoniaque en petite quantité dans certaines eaux, comme celles des mares et des marais où séjournent et se pourrissent des matières organisées.

21. J'ai indiqué les principales espèces de matières salines qui ont été reconnues dans les eaux minérales. Il serait presque superflu de dire qu'il est rare d'en trouver qui ne contiennent qu'une seule espèce de sel : que le nombre de celles qui existent en même temps n'est jamais considérable et excède bien rarement quatre ou cinq ; qu'il en est qui s'excluent mutuellement, comme le sulfate de soude et de magnésie avec le nitrate et le muriate de chaux, les sels calcaires avec le carbonate de soude.

22. Aux matières salines diverses dont je viens de faire l'énumération, la nature ajoute souvent d'autres matériaux appartenant, soit à la classe des corps comburans ou combustibles simples, soit à celle des acides, soit aux métaux, soit aux matières végétales. Le calorique, le gaz oxigène ou l'air atmosphérique, le gaz hidrogène sulfuré, et même un sulfure terreux ou alcalin, forment les premiers ; on ne peut pas y trouver ensemble le gaz oxigène ou l'air avec l'hidrogène sulfuré. Il n'est pas vrai, comme on l'a pensé pendant quelque temps, que les métaux, comme tels et dans leur état de pureté, puissent jamais se rencontrer dans les eaux. L'air rend les eaux légères et vives dans leur saveur

et leurs propriétés économiques ; le gaz hidrogène sulfuré constitue le plus grand nombre des eaux sulfureuses.

23. Parmi les acides on n'a encore trouvé que l'acide carbonique et l'acide boracitique pur dissous dans les eaux naturelles. Le premier est beaucoup plus fréquent et plus abondant que le second. Il se trouve réuni avec beaucoup de sels différens et variés ; c'est lui qui en rend plusieurs bien dissolubles. L'acide boracique qu'on n'a encore trouvé que dans quelques eaux de lacs de Toscane, n'y est uni qu'avec très-peu de matières salines différentes, et ne constitue jamais des eaux minérales proprement dites. Aucun autre acide ne s'est jamais présenté à nu dans les eaux.

24. Parmi les bases terreuses, il n'y a que la silice et l'alumine qu'on ait jusqu'à présent retirées des eaux. La première, sur-tout, paraît y être contenue dans une proportion beaucoup plus grande qu'on ne l'aurait jamais cru, et que l'art des dissolutions chimiques par l'eau simple ne l'aurait pu faire concevoir, d'après les expériences de Bergman et de Black. C'est pour cela qu'on voit des eaux en déposer par le contact de l'air et par l'évaporation spontanée, comme celles de la fontaine de Geiser en Islande, et qu'on ne doit pas être étonné de trouver la silice portée dans les végétaux, et les animaux y donner naissance à des concrétions.

L'alumine qui a été admise comme la cause de la propriété savonneuse dans les eaux, n'y est presque jamais que suspendue, et leur laisse un coup-d'œil louche et laiteux qui les fait facilement distinguer.

La chaux a été annoncée dans quelques eaux voisines des volcans ; mais c'est une assertion qu'aucune expérience exacte n'a confirmée encore, et qui ne peut pas être d'ailleurs appliquée aux eaux minérales proprement dites, puisqu'aucune de celles qu'on a rangées dans cette classe n'a jamais présenté rien de semblable.

Jamais on n'a rencontré d'alcali, potasse ou soude,

barite ou strontiane, purs et isolés dans les eaux, et il est même facile de concevoir que cela ne peut pas être, en raison de l'attraction forte que ces bases exercent sur une foule de corps.

25. Ce n'est pas seulement parmi les matières traitées dans les trois classes de corps qui précèdent les substances salines que se trouvent des principes minéralisateurs des eaux étrangers à ces dernières. On y rencontre encore, et plusieurs sels métalliques, c'est-à-dire des combinaisons d'oxides de métaux avec les acides, et quelques-uns des matériaux qui ont appartenu aux composés végétaux. C'est sur-tout le fer qui donne naissance aux premièrs de ces matériaux minéralisateurs des eaux, et qu'on y rencontre uni le plus souvent à l'acide carbonique, quelquefois, mais bien plus rarement, à l'acide sulfurique et à l'acide muriatique. Le cuivre s'y trouve bien plus rarement encore à l'état de sulfate, et forme des eaux vénéneuses qui n'existent que dans les mines de ce métal. On a même annoncé la présence de l'arsenic en oxide dans quelques eaux souterraines coulant parmi les couches de mines chargées de ce dangereux métal.

26. Enfin, on a compté parmi les matériaux des eaux des substances colorantes végétales ou des extraits de plantes et des bitumes. Les extraits ne se trouvent que dans des eaux où séjournent et se corrompent des feuilles, des tiges, des écorces, et même des plantes aquatiques tout entières; et ce ne sont pas là des eaux minérales proprement dites.

Il n'est pas rare, comme on le verra par la suite, que des bitumes liquides suintent à travers des eaux souterraines, et viennent nager à leur surface, sur laquelle on les recueille; il ne l'est pas non plus que des eaux souterraines traversent des filons de bitume solide. On sent bien que, dans l'un et l'autre cas, ces liquides doivent être plus ou moins imprégnés de bitume. Cependant on ne compte pas ordinairement ces eaux parmi les eaux minérales proprement dites ou médicinales ; et ce qu'on nommait autrefois, dans ces dernières, bitume des eaux, produit de leur évaporation, d'une saveur âcre, amère, forte, était un sel déliquescent presque toujours du muriate de chaux.

§. III.

De la classification des eaux minérales d'après leurs principes.

27. Si parmi les matières fossiles qui minéralisent les eaux, on compte plus de substances salines que de corps étrangers à la nature de ces dernières, il n'en est pas moins nécessaire cependant d'avoir égard aux unes et aux autres pour classer et diviser ces liquides naturels. Une classification des eaux est un des objets les plus utiles et les plus importans qu'on puisse traiter en physique. Elle éclaire toutes les sciences et tous les arts sur l'emploi de telle ou telle eau ; car elle ne doit pas comprendre seulement les eaux usitées en médecine sous le nom d'eaux médicinales, mais encore toutes celles qui, chargées de trop peu de principes ou de principes trop actifs pour avoir une action prompte et déterminée ou utile sur l'économie animale, en contiennent cependant assez pour produire quelques effets qui ne sont pas indifférens dans les usages de la vie ou dans les procédés des arts.

28. Il est utile de partager, sous ce point de vue, toutes les eaux naturelles en deux grandes classes : la première, comprenant les eaux considérées par rapport aux lieux qu'elles occupent, aux masses qu'elles présentent, à la manière dont elles sont placées à la surface du globe : toute cette première classe renferme les *eaux économiques*. A la seconde appartiennent les eaux moins abondantes que les premières, cantonnées, en quelque sorte, dans quelques points particuliers du globe, et distinguées par des propriétés bien plus mar-

quées sur l'économie animale : ce sont les *eaux médicinales.*

29. Dans la classe des eaux économiques sont rangées celles de neige, de pluie, de fontaines, de fleuves, de puits, de lacs, de marais et de la mer.

Les eaux de *neige* recèlent, suivant Bergman, un peu de muriate de chaux, et quelques faibles traces de nitrate calcaire ; récemment fondues elles sont privées d'air et d'acide carbonique que l'on trouve dans toutes les autres ; ce qui est vraisemblablement la cause de leurs effets fâcheux sur les animaux.

L'*eau de pluie* contient les deux sels de la précédente à plus grande dose ; elle est de plus assez chargée d'air et d'un peu d'acide carbonique, qui la rendent très-utile à la végétation. Les anciens chimistes l'assimilaient à de l'eau distillée ; mais on voit qu'elle n'est pas aussi pure, et elle contient souvent quatre matières qu'on ne retrouve point dans celle-ci. Quand on veut recueillir de l'eau de pluie pour des usages chimiques, il faut prendre la dernière tombée.

L'*eau de fontaine* ou de *source* est très-pure quand elle coule sur le sable. Dans un autre cas, elle tient le plus souvent du carbonate de chaux, du muriate calcaire, du muriate de soude ou du carbonate de soude.

L'*eau de fleuve* ou de *rivière* est souvent plus pure que celle de fontaine ; le mouvement la purifie. On y trouve les mêmes principes, mais souvent moins abondans que dans la précédente.

L'*eau de puits* séjournant presque toujours dans des terrains salins, tient, outre les sels qui viennent d'être énoncés, du sulfate de chaux et du nitrate de potasse ; de sorte qu'on y rencontre cinq ou six sels à la fois, et qu'il n'est pas aisé d'en faire une analyse exacte quand on veut la pousser jusqu'à la connaissance des proportions.

L'*eau de lac* est moins limpide et plus pesante que les dernières ; souvent elle forme un dépôt spontané de sels terreux ; souvent encore elle est colorée et d'une saveur désagréable. Outre les cinq à six sels déja indiqués ; elle contient presque toujours une matière extractive.

L'*eau de marais*, moins mue que toutes les précédentes, est encore moins vive, moins limpide, plus lourde, chargée de plus de matière extractive, en sorte que souvent elle a une couleur jaunâtre.

Enfin l'*eau marine*, salée comme on sait, par le muriate de soude que la nature y a placé, tient de plus du sulfate de magnésie, du sulfate de chaux et beaucoup de matière extractive.

3o. Les eaux minérales proprement dites, ou plutôt les médicinales, doivent être classées d'après le principe qui y domine, et considérées sous ce point de vue on peut les partager en quatre classes ; savoir, les eaux acidules, les eaux salines, les eaux sulfureuses, et les eaux ferrugineuses. Quoiqu'il n'y ait que celles de la seconde qui semblent devoir être traitées ici, puisque c'est d'après les propriétés des sels qu'on a été conduit à leur histoire, il ne sera pas inutile de dire, à cette occasion, un mot de celles qui, quoique d'une autre nature, sont souvent en même temps chargées de quelques sels.

PREMIÈRE CLASSE.

Eaux acidules.

Ce sont celles où l'acide carbonique domine. Elles sont caractérisées par le piquant, l'agitation, les bulles, la couleur rouge qu'elles communiquent au tournesol, le précipité qu'elles forment dans les dissolutions de barite, de strontiane et de chaux. Aucune ne tient d'acide carbonique pur et seul ; presque toutes tiennent en même temps du muriate de soude, du carbonate de soude, du carbonate de chaux, de magnésie, et souvent ces quatre sels à la fois, comme l'eau de Seltz ; il en est aussi où se trouve le fer ; enfin, les unes sont chaudes ou thermales en même temps qu'acidules, comme celles de Vichy, du Mont-d'Or, de Châtel-Guyon, etc. ; et les autres sont froides et alcalines, telles que les eaux de Myon, de Bard, de Langeac, de Chateldon, de Vals, etc.

IIe. CLASSE.

Eaux salines.

Je nomme ainsi celles dont les principes prédominans sont des sels proprement dits, et qui par conséquent appartiennent bien plus à cette section que toutes les autres. Elles peuvent en même temps contenir d'autres matières, de l'acide carbonique, du gaz hidrogène sulfuré, du fer ; mais ces corps y sont trop peu abondans, en comparaison des premiers, pour qu'on y fasse autant d'attention.

On peut diviser cette seconde classe en cinq ordres, suivant l'espèce de sel qui domine dans les eaux. Si elles sont chargées de sulfate de chaux, elles constituent des *eaux dures*, des *eaux crues*, fades, qui ne dissolvent pas le savon, ne cuisent pas les légumes, comme les eaux de puits de Paris.

Quand elles tiennent du sulfate de magnésie prédominant sur d'autres principes, elles sont *amères* et *purgatives* comme les eaux de Sedlitz, de Seidschutz, d'Egra.

Si c'est le muriate de soude qui y est en excès, elles sont sal es.

Le carbonate de soude, plus abondant que d'autres sels, forme les eaux *alcalines*.

Enfin, quand elles tiennent abondamment le carbonate de chaux, qui n'y est jamais dissous sans le secours de l'acide carbonique, mais qui peut y exister sans excès de cet acide, et de manière que le sel calcaire les caractérise seul ; elles forment des espèces d'*eaux dures*, *terreuses*, qui déposent plus ou moins facilement leur sel insipide en stalactites, en incrustations.

III. CLASSE.

Eaux sulfureuses.

Bien caractérisées et faciles à distinguer par leur odeur fétide, la propriété de dorer et de noircir l'argent, celle de déposer du soufre par le contact de l'air, elles forment, à ce qu'il paraît, deux ordres : celles qui ne sont chargées que d'hidrogène sulfuré sans base alcaline ou terreuse, comme le plus grand nombre des eaux sulfureuses ; et celles qui contiennent un véritable sulfure, comme paraissent être les eaux de Barège, de Cauterets, les Eaux-Bonnes, etc. Outre leur principe sulfuré, la plupart de ces eaux tiennent en même temps des sels et sur-tout des muriates et des sulfates alcalins et terreux.

IVe. CLASSE.

Eaux ferrugineuses.

On verra, dans la section suivante, que le fer est si abondant au sein de la terre, et si fréquemment répandu dans ses couches, qu'il devient un des principes minéralisateurs les plus ordinaires des eaux minérales, et que les eaux ferrugineuses sont les plus communes de toutes. Il n'est presque pas un pays où l'on ne possède une ou plusieurs sources d'eaux ferrugineuses. On doit distinguer trois ordres dans les eaux, suivant l'état du fer qui y est contenu ; ou bien en effet ce métal y est dissous en carbonate par l'acide carbonique, mais de manière que ce dernier n'est pas en excès : ce sont alors les eaux *ferrugineuses simples*, comme celles de Forges, d'Aumale, de Condé; ou bien le même carbonate de fer, dissous par son acide, est accompagné d'un grand excès de ce dernier : alors les eaux sont ferrugineuses acidules, telles que celles de Spa, de Pyrmont, de Pougues, de Bussang, etc. ou enfin le fer y est à l'état de sulfate, comme il paraît l'être dans celles de Passy, de Provins, etc.

31. A ces quatre classes comprenant dix ordres d'eaux minérales proprement dites, ou assez chargées de sels et de substances fossiles pour avoir les propriétés médicinales, quelques auteurs ajoutent encore, 1°. des eaux *thermales simples* ou les eaux chaudes naturelles, sans autre principe que le calorique; 2°. les *eaux savonneuses* qu'on dit contenir de l'argile ou alumine, qui les rend douces et onctueuses, mais dont on n'a pas établi l'existence et la nature par des expériences assez décisives; 3°. des *eaux bitumineuses*, dont la composition n'est pas constatée plus exactement que celle des précédentes, et qui ne sont pas d'ailleurs comprises parmi les eaux vraiment médicinales. Je n'ai pas parlé non plus des eaux cuivreuses, des eaux arsenicales, parce qu'elles ne sont pas rangées avec les précédentes, parce qu'elles n'existent que dans les mines, dont elles sont un des produits, et parce qu'il en sera question plus à propos dans l'histoire des métaux.

§. IV.

De l'examen des eaux par les réactifs.

32. Il y a trois moyens de reconnaître la nature des eaux. Le premier n'est propre qu'à donner une notion vague et générale des principes qui y dominent; il consiste dans l'ensemble des observations physiques qu'on peut faire sur les eaux, sur leur source, leurs dépôts, leur efflorescence, les terrains qui les avoisinent. Le second fait pénétrer plus avant dans la connaissance de leurs composans; il en fait apprécier

les principaux, leurs différences, leur nombre, et même jusqu'à un certain point leur rapport de proportion. Pour l'obtenir on examine les eaux par diverses matières qu'on ajoute; les changemens produits par leur mélange annoncent ce que ces liquides contiennent : on nomme ces matières des réactifs. Le troisième moyen est le seul qui fasse déterminer avec précision les véritables principes des eaux; il est le complément des deux premiers : c'est l'action du feu qui sépare de l'eau les diverses substances qui y sont contenues. Commençons par indiquer dans ce paragraphe les deux premiers moyens. Le troisième, très-fertile en faits et très-important à connaître, fera le sujet du suivant.

33. L'observation et la comparaison des propriétés ou caractères physiques des eaux et de tout ce qui environne leurs sources, n'est au fait qu'un moyen accessoire et qui doit précéder, dans son emploi, tous ceux dont on a coutume de se servir pour essayer ces liquides. On y compte la situation de la source, la nature du terrain d'où elle sort, les couches de minéraux qui le forment, les dépôts du fond des sources et des ruisseaux, les incrustations des corps qui y tombent, les filamens, les flocons pulvérulens ou glaireux qu'on y rencontre, les pellicules qui couvrent les eaux, les sublimés attachés aux voûtes, puis la saveur, l'odeur, la couleur, la pesanteur spécifique, la température, la quantité, le cours, la rapidité ou la hauteur des eaux. On doit même, en variant les temps de ces observations, les comparer, dans des saisons diverses, à différentes heures du jour. Il est impossible que ces premières recherches ne donnent pas quelque notion positive sur la nature des eaux, et ne servent pas à diriger les expériences qu'on doit se proposer de faire pour les connaître ensuite avec plus d'exactitude.

34. D'après ce qui a déja été énoncé sur les réactifs en général, on conçoit que toutes les matières chimiques, de quelque nature qu'elles soient, pourvu que leurs propriétés

et leur composition soient bien connues, pourraient servir de réactifs, et que même pour un chimiste habile et industrieux, aucun composé n'est inutile à leur analyse. Mais par une longue recherche on a cependant appris à faire un choix de quelques matières principales, dont les effets comparés suffisent pour indiquer les principes divers qui existent dans les eaux. Il est donc nécessaire d'énoncer, en traitant des eaux minérales en particulier, ceux de ces réactifs à l'aide desquels on a coutume de les essayer. Ils sont en général de deux classes ; ou bien ils appartiennent aux genres de corps déja examinés dans les sections précédentes, ou bien ils sont pris dans des sections différentes, soit parmi les dissolutions métalliques, soit dans les matériaux qui constituent le corps des végétaux et des animaux, ou qui en proviennent.

35. Deux circonstances qui compliquent ou font varier les effet des réactifs doivent rendre leur usage plus difficile et exiger une grande circonspection de la part des chimistes : l'une, c'est que la même substance réactive produit quelquefois un même effet apparent sur deux, trois ou quatre matières différentes contenues dans les eaux ; l'autre, c'est que le même réactif peut produire plusieurs de ces effets dans la même eau ; on remédie cependant à l'un et à l'autre de ces inconvéniens par la réunion de plusieurs de ces agens comparés, et par l'examen du dépôt qu'ils forment dans une eau. Cette manière de faire, la seule qui puisse rendre et beaucoup plus sûre et beaucoup plus utile l'administration des réactifs, suppose et qu'on n'en fixe pas véritablement le nombre, qui ne doit avoir d'autres limites que l'industrie ou les connaissances des chimistes, et qu'on ne se contente pas d'en ajouter quelques gouttes à une petite quantité d'eau ; mais qu'on traite, s'il est nécessaire, cette eau en grand par les réactifs, de sorte à pouvoir obtenir une proportion de précipité suffisante à une analyse exacte.

36. Les réactifs pris dans les classes des corps examinés jusqu'ici appartiennent soit aux corps brûlés et aux acides, soit aux bases alcalines ou terreuses, soit aux sels. Parmi les acides, ceux qui servent le plus souvent et avec le plus de succès à l'examen des eaux, sont l'acide sulfurique, l'acide sulfureux, l'acide nitreux et l'acide muriatique oxigéné.

Le premier annonce dans une eau la présence de la barite par le précipité pesant et abondant qu'il y forme, et celle, ou de l'acide carbonique, ou des carbonates terreux et alcalins, par l'effervescence qu'il y produit.

Le sulfureux montre le soufre en précipité blanc long temps suspendu dans les eaux qui en contiennent à l'état d'hidrogène sulfuré.

Le nitreux produit le même effet et détruit l'odeur fétide de ces eaux, en séparant le soufre en poudre blanche, qui se rassemble en petits globules par l'action de la chaleur.

L'acide muriatique oxigéné sert au même usage, en décomposant l'hidrogène sulfuré; il arrive souvent qu'il brûle le soufre en même temps que l'hidrogène, lorsqu'on en met une trop grande quantité.

37. Les bases terreuses ou alcalines les plus employées comme réactifs sont au nombre de trois : l'eau de chaux, la potasse et l'ammoniaque liquides. L'eau de chaux absorbe l'acide carbonique et se précipite avec lui en craie, dont le poids indique celui de l'acide; elle décompose aussi le carbonate de soude qui s'y rencontre, en précipitant du carbonate de chaux; enfin elle enlève les acides à la magnésie, qu'elle précipite en petits flocons blanchâtres qui se rapprochent lentement. Ce triple effet, qui pourrait avoir lieu à la fois, exigerait alors l'examen du précipité formé; la proportion du carbonate de chaux et de la magnésie, et l'examen de la liqueur détermineraient le rapport et la coexistence de chaque effet, mais assez difficilement pour que l'eau de chaux ne soit véritablement utile que dans l'un des cas cités, sur-

tout l'appréciation de la quantité d'acide carbonique que l'eau minérale recèle. Pour distinguer l'acide appartenant au carbonate de soude de celui qui est libre dans l'eau, on précipite une égale quantité de ce liquide, après l'avoir privé du dernier par une longue ébullition, et on défalque un poids égal à celui qu'on obtient, dans ce dernier cas, de la somme totale du premier obtenu sur l'eau non bouillie.

38. La potasse pure liquide produit plusieurs effets simultanés dans les eaux. Elle décompose les sulfates, les nitrates et les muriates de chaux et de magnésie, et en sépare les terres à la fois; elle précipite les carbonates de chaux et de magnésie dissous à la faveur de l'acide carbonique qu'elle absorbe; quand elle est bien concentrée, elle trouble même les eaux qui tiennent en dissolution des sels alcalins, parce qu'elle diminue leur solubilité par l'attraction qu'elle exerce sur l'eau. On reconnaît ce dernier effet en ajoutant beaucoup d'eau qui redissout le précipité, lequel d'ailleurs est en petits cristaux. Les terres calcaire et magnésienne se dissolvent dans les acides sans effervescence; les carbonates terreux séparés par l'absorption de l'acide carbonique s'y unissent au contraire avec une vive effervescence. Les sels métalliques sont aussi décomposés et précipités par la potasse; mais la couleur, la forme et l'apparence totale des oxides et sur-tout de celui du fer une fois séparé, les font facilement reconnaître.

39. L'ammoniaque ne décompose que les sels magnésiens et alumineux qui peuvent se trouver dans les eaux; encore ne précipite-t-elle que moitié des premiers en formant des sels triples avec la portion qui reste non décomposée. Elle sépare aussi le carbonate de chaux et de magnésie dissous par l'acide carbonique, en absorbant celui-ci. Elle fait la même chose sur le carbonate de fer également dissous par cet acide; mais elle agit sur-tout sur les sels cuivreux, et spécialement sur le sulfate de ce métal qui se trouve dans quelques eaux. Ces dissolutions cuivreuses prennent alors une couleur bleue qui

fait reconnaître très-aisément leur nature et la présence du métal qui les minéralise. On ne fait presque jamais usage de cet alcali volatil comme réactif, parce que ses effets sont peu sensibles, parce qu'il est moins utile que l'eau de chaux, et parce que le précipité qu'il donne, à moins que ce ne soit un oxide métallique, est difficile à déterminer, quoiqu'il soit presque toujours incomplet, et cependant mélangé de plusieurs substances diverses.

40. Dans la section des sels, il n'y a que des muriates terreux et des carbonates alcalins qui puissent avoir quelque avantage comme réactifs. Le muriate de barite sert à reconnaître les sulfates et même la quantité d'acide sulfurique contenue dans une eau, d'après le poids du sulfate de barite qu'on obtient; le muriate de chaux précipite les sulfates alcalins en sulfate calcaire. Les carbonates alcalins qui autrefois étaient employés comme alcalis pour reconnaître et précipiter les sels terreux, à une époque où l'on ne connaissait que ceux à base de terre absorbante, ne font plus que déterminer leur présence en général, en les précipitant tous à la fois, ceux à base de barite, à base de strontiane, de chaux, de magnésie, d'alumine : il est fort difficile de savoir exactement les effets souvent multipliés qu'ils produisent, à moins qu'on ne fasse un examen particulier des précipités qu'ils forment.

J'ai dit que les réactifs étrangers aux corps traités jusqu'ici appartenaient soit aux dissolutions des métaux, soit aux composés organiques.

41. Quant aux sels métalliques, il en est deux sur-tout, le nitrate de mercure et le nitrate d'argent, qui sont employés par-tout pour l'analyse des eaux, et qui fournissent sur leur nature des renseignemens exacts. L'un et l'autre annoncent, sans équivoque, la présence de l'acide sulfurique et de l'acide muriatique, sans cependant indiquer les bases auxquelles ces acides sont unis. Dans l'histoire des deux métaux avec lesquels on prépare ces dissolutions, ce qu'on

dira de leurs nitrates rendra beaucoup plus exacte, beaucoup plus complète, et conséquemment beaucoup plus claire, l'action de ces sels métalliques sur les eaux; on verra d'ailleurs, dans les sections suivantes, qu'un grand nombre d'autres sels métalliques peuvent être employés par les chimistes pour connaître les principes des eaux minérales.

42. Les végétaux fournissent pour l'analyse des eaux trois ou quatre matières colorantes très-utiles, deux acides et un sel métallique dont la réaction est d'un grand avantage dans ce genre d'analyse. Le tournesol qui rougit par l'hidrosulfure et par l'acide carbonique des eaux, qui, dans ce dernier cas, perd sa rougeur par l'exposition à l'air enlevant l'acide carbonique; la teinture de violette qui verdit par les carbonates de soude et de chaux, ainsi que par les sels de fer; le papier jauni par le curcuma, que les matières alcalines, même légères et terreuses, font passer au pourpre violet; la faible nuance bleuâtre ou rougeâtre des mauves, qui devient d'un beau vert par les mêmes substances : ces quatre matières sont employées avec succès pour connaître la présence des principes énoncés ici.

L'acide oxalique, soit naturel, extrait du sel d'oseille, soit artificiel préparé, comme on le dira, avec le sucre et l'acide nitrique, annonce surement la chaux qu'il enlève à tous les acides, et avec laquelle il forme un sel insoluble dont le précipité devient sensible par la plus petite dose.

L'acide gallique indique dans les eaux la présence du fer par la couleur rouge vineuse ou par le précipité noir atramentaire qu'il y fait naître; quand il n'y a ni l'un ni l'autre effet, on peut être sûr qu'il n'y a point de fer dans l'eau.

L'acétite de plomb noircit par l'hidrosulfure, précipite en petits grains blancs indissolubles par tous les sulfates, en poudre blanche et lourde, soluble dans le vinaigre par tous les muriates. La présence des carbonates alcalins ou terreux dans les eaux précipite aussi l'acétite de plomb. L'alcool et le vinaigre servent souvent à l'analyse des eaux, mais c'est moins comme réactif que comme dissolvant de certains de leurs principes, ainsi qu'on le fera voir plus bas.

43. On a beaucoup employé autrefois des matières animales pour l'analyse des eaux ; on les mêlait avec le sang, le lait, la bile, et on concluait de leurs effets sur ces liquides ce qu'elles devaient produire dans les animaux vivans. Il y a déja long temps qu'on a rejeté ces ridicules applications comme des erreurs dangereuses. On n'emploie plus aujourd'hui qu'un composé chimique, fait avec les matières animales traitées par deux des alcalis fixes pour l'analyse des eaux. Ce composé, qui ne doit pas être décrit ici, mais seulement indiqué, est nommé prussiate de potasse ou de soude, parce que lorsqu'il rencontre du fer dans une eau, il l'entraîne et le précipite en une belle couleur bleue qu'on nomme bleu de Prusse. Il en sera fait une mention expresse dans la huitième section de cet ouvrage.

§. V.

De l'analyse des eaux par l'évaporation.

44. Quelque soin qu'on apporte dans l'emploi des réactifs, ils ne suffisent point pour faire connaître avec exactitude le nombre et la proportion des sels ni des autres matières contenues dans les eaux minérales ; ils ne donnent qu'une notion préliminaire et propre à guider dans les autres procédés qui doivent être pratiqués à la suite. Ceux auxquels on a recours pour compléter l'analyse d'une eau exigent l'emploi du feu ou l'évaporation. On a deux buts en exposant les eaux minérales à la chaleur : l'un, de recueillir les matières volatiles qui peuvent s'y rencontrer ; l'autre, d'obtenir à part et sous forme solide les substances fixes et salines qui en forment les principes minéralisateurs.

45. Pour séparer les matières gazeuses, l'acide carbonique, le gaz hidrogène sulfuré ou l'air atmosphérique qui se trouvent dissous l'un ou l'autre dans les eaux, on les distille dans une cornue à la dose de quelque litres ou de quelques kilogrammes, en adaptant au bec de ce vaisseau une cloche pleine de mercure; on fait bouillir l'eau quelques minutes, jusqu'à ce qu'il ne s'en dégage plus rien; on défalque du fluide gazeux obtenu le volume d'air contenu sur l'eau dans la cornue; on tient compte de l'état de pression augmentée ou diminuée sur le gaz recueilli dans la cloche pour en estimer avec justesse la quantité; on en fait l'examen par les procédés connus : je préfère cependant à cette distillation, qui ne donne jamais la dose exacte des gaz, leur absorption ou leur destruction par les réactifs, l'eau de chaux pour l'acide carbonique, l'oxide de plomb, l'acide nitreux pour le gaz hidrogéné sulfuré, et le sulfate de fer pour l'air ordinaire.

46. L'évaporation destinée à recueillir les sels et les matières fixes doit être faite sur quinze à vingt kilogrammes au moins des eaux les plus riches en principes, et sur trois ou quatre fois plus pour des eaux peu chargées de matières. Il faut la faire dans des vases d'argent, de terre ou de porcelaine, à une chaleur modérée, en écartant les poussières à l'aide d'un couvercle percé ou d'une double gaze. Autrefois on faisait l'évaporation en différens temps, et on séparait les substances différentes suivant les temps divers où elles se montrent. Aujourd'hui on a reconnu que cette séparation n'était ni exacte ni avantageuse; et l'on a trouvé qu'il valait mieux évaporer les eaux à siccité de manière à en obtenir le résidu tout entier. On ménage beaucoup la chaleur sur la fin de l'évaporation; on dessèche médiocrement la matière qui reste, on la pèse avec soin, et on la réserve pour la traiter de la manière suivante.

47. L'expérience ayant fait voir que ce résidu de l'évaporation des eaux minérales était composé de sels déliquescens,

de sels simplement solubles dans l'eau froide, d'autres sels dissolubles dans l'eau bouillante en grande quantité, et enfin de matières indissolubles dans l'eau à toutes les températures; on a fondé sur cette connaissance l'art d'analyser ce résidu.

On le traite d'abord par cinq à six fois son poids d'alcool très-rectifié qu'on fait légèrement chauffer, et qu'on laisse séjourner quelques heures; on décante ce dissolvant : le résidu se trouve alors avoir perdu sa propriété déliquescente.

On le lessive en second lieu avec huit à dix fois son poids d'eau froide, qui dissout les sels alcalins.

Après ces deux premiers dissolvans on fait bouillir le résidu dans trois ou quatre cent fois son poids d'eau bouillante, qui enlève les sels les moins dissolubles.

Enfin on applique en dernière analyse des acides successivement plus forts pour isoler et connaître les sels indissolubles terreux, l'oxide métallique et la silice qui restent souvent mêlés après l'action des trois premiers dissolvans. Chacune de ces lessives est ensuite examinée en particulier.

48. La dissolution alcoolique contient le plus souvent des muriates de chaux et de magnésie, rarement des nitrates des mêmes bases, sels qui sont tous déliquescens et dissolubles dans l'alcool. On les reconnaît et on en détermine la proportion en évaporant à siccité cette dissolution, en redissolvant les sels bien pesés dans l'eau, en précipitant la magnésie par la chaux et la chaux par l'acide sulfurique ou par l'acide oxalique. On peut, pour avoir un résultat exact, séparer la dissolution aqueuse en trois parties égales, décomposer l'une avec l'eau de chaux qui donne la quantité de magnésie en triplant le poids qu'on en obtient; précipiter la seconde par l'acide oxalique, et la troisième par le sulfurique; en comparant la dose de ces deux précipités, en calcinant l'oxalate qui ne laisse que de la chaux pure, on a le poids exact de la chaux. On s'assure de l'acide uni à ces bases, en versant un peu d'acide sulfurique concentré sur une petite

portion du résidu obtenu de l'évaporation de l'alcool. La vapeur dégagée fait aisément reconnaître ou l'acide muriatique ou l'acide nitrique.

49. La lessive à l'eau froide contient des sels bien dissolubles, le muriate de soude, le sulfate de soude, le sulfate de magnésie, le nitrate de potasse, le carbonate de soude, jamais tous à la fois, mais quelquefois deux ou trois ensemble. Il faut noter cependant qu'un peu de muriate de soude ou de nitrate de potasse doivent avoir été dissous dans l'alcool avec les sels déliquescens, mais que cette petite portion peut être obtenue et isolée par l'évaporation. On reconnaît et on sépare les sels dissous dans cette lessive aqueuse en l'évaporant avec précaution; on les obtient les uns après les autres, on les distingue à leur forme, leur saveur, et à toutes leurs propriétés.

50. Dans la lessive par l'eau bouillante, il n'y a jamais que du sulfate de chaux que l'on reconnaît et dont on détermine en même temps la quantité par l'acide oxalique, qui en précipite la chaux, et par une dissolution de barite, qui entraîne l'acide sulfurique. On le retire encore par l'évaporation sous la forme de petites plaques insipides, indissolubles, qui, chauffées avec du charbon, donnent du sulfure de chaux rougeâtre et fétide au moment où on le jette dans l'eau.

51. Le résidu des eaux minérales traitées par les trois dissolvans précédens, contient des carbonates terreux avec ou sans carbonate de fer, et souvent mêlés d'alumine et de silice. On sait s'il y a du fer par une couleur jaune ou rougeâtre; dans ce cas, on mouille le résidu et on l'expose à l'air et au soleil pendant plusieurs jours, afin d'oxider le fer et de le rendre indissoluble dans l'acide acéteux qu'on emploie d'abord pour dissoudre les carbonates terreux. Cette première dissolution, qui forme ordinairement des acétites de chaux et de magnésie, est évaporée à siccité; en laissant le sel qui en provient exposé à l'air, l'acétite magné-

sien en absorbe l'humidité, et on le sépare de l'acétite calcaire par cette déliquescence : on peut d'ailleurs les soumettre à tous les moyens d'épreuve nécessaires pour en déterminer les proportions.

Le fer et l'alumine sont ensuite dissous par l'acide muriatique ; on les sépare, et on en estime la quantité respective par des moyens appropriés. Il ne reste plus ensuite que la silice que l'on traite, pour la reconnaître avec exactitude, par le carbonate de soude, au chalumeau, et qui se fond avec effervescence en un globule vitreux transparent.

§. VI.

De la synthèse ou de la fabrication artificielle des eaux minérales.

52. On regarde depuis long temps une analyse chimique bien faite, lorsqu'on peut, à l'aide de la synthèse, recomposer la matière analysée. Cette vérité est applicable aux eaux minérales, quoiqu'elle soit dans l'ordre de celles qu'on n'a découvertes que depuis quelques années. On ne doit réellement compter sur l'exactitude d'une analyse d'eau que lorsqu'en dissolvant dans ce liquide pur les mêmes principes et dans la même proportion qu'on les a trouvés, on imite exactement cette eau, de manière qu'elle se comporte, par tous les essais et tous les réactifs, comme la naturelle.

53. On a si bien réussi depuis les découvertes de l'acide carbonique et du grand nombre de substances salines, à analyser exactement et conséquemment à recomposer les eaux minérales, qu'on en a fait un art nouveau et très-important pour l'humanité, puisqu'il s'agit de la préparation de médicamens appropriés à un grand nombre de maladies. On commence par choisir pour cela de l'eau très-pure, de source, de fontaine ou de rivière, qui ne contienne

rien ou presque rien d'étranger; on y dissout ensuite du gaz acide carbonique, s'il est question d'eaux acidules, et ensuite des sels que l'analyse a montrés dans l'eau qu'on imite. On y met du fer si ce sont des eaux martiales qu'on veut fabriquer.

54. Quand on veut préparer des eaux sulfureuses on sature de l'eau bien bouillie et privée d'air de gaz hidrogène sulfuré, dégagé du sulfure alcalin ou du sulfure de fer, l'un ou l'autre réduit en poudre, et sur lesquels on verse de l'acide sulfurique ou muriatique étendus d'eau. Quand on a saturé cette eau par une légère agitation, on y introduit les sels ou les matières fixes qu'on sait y être contenues. Dans cette imitation, on ne se propose pas d'insérer dans les eaux qu'on fabrique les matières inertes, les carbonate et sulfate de chaux qu'on a trouvés dans celles de la nature que l'on veut imiter. On n'y fait entrer que les sels sapides actifs; on les emploie bien purs et cristallisés. On peut même les ajouter en plus grande quantité qu'ils ne sont dans la nature, et préparer ainsi des eaux plus fortes et plus pénétrantes que celles qu'on veut imiter.

55. Bergman a donné ainsi le moyen d'imiter les eaux de Seidschutz, de Seltz, de Spa, de Pyrmont, de Saint-Charles en Bohême et d'Aix-la-Chapelle. Voici, d'après son analyse, les principes qu'il propose de dissoudre dans l'eau pour imiter chacun de ces liquides, jouissant en effet pour la plupart d'une grande réputation. J'offre d'abord dans ce tableau la quantité de ces principes en grains, rapportée ainsi par Bergman à une quantité d'eau également estimée en grains, et ensuite leurs proportions en fractions décimales, ou en millièmes, des eaux qui les contiennent.

Eaux de Seidschutz.

Poids	= 17991 $\frac{17}{32}$ grains	= 1000.
Pes. spéc. . . .	= 1,0060.	
Air pur	= $\frac{45}{108}$ pouc. cub.	= 0,011.
Carb. de ch. . .	= $\frac{45}{123}$ pouc. cub.	= 0,015.
Acide carbon. .	= 1 $\frac{19}{21}$ grains	= 0,106.
Sul. de ch. . .	= 5 $\frac{5}{32}$ grains	= 0,294.
Carb. de magn. .	= 10 $\frac{3}{8}$ grains	= 0,577.
Sul. de magn. .	= 363 $\frac{13}{16}$ grains	= 20,812.
Muriat. de magn.	= 7 $\frac{5}{14}$ grains	= 0,512.

Eaux de Seltz.

Poids	= 17932 $\frac{17}{32}$	= 1000.
Pes. spéc. . . .	= 1,0027.	
Air pur	= $\frac{43}{108}$ pouc. cub.	= 0,011.
Acide car. . . .	= 24 pouc. cub.	= 0,910.
Carb. de magn. .	= 7 $\frac{3}{32}$ grains	= 0,396.
Carb. de magn. .	= 12 $\frac{1}{2}$ grains	= 0,697.
Carb. de soude. .	= 10 $\frac{5}{32}$ grains	= 0,566.
Mur. de soude. .	= 46 $\frac{11}{32}$ grains	= 2,684.

Eaux de Spa.

Poids	= 17902 $\frac{1}{8}$ grains	= 1000.
Pes. spéc. . . .	= 1,0010.	
Acide carbon. .	= 18 pouc. cub.	= 0,684.
Carb. de ch. . .	= 3 $\frac{19}{32}$ grains	= 0,201.
Carb. de magn. .	= 8 $\frac{7}{15}$ grains	= 0,479.
Carb. de soude .	= 3 $\frac{19}{32}$ grains	= 0,201.
Carb. de fer . .	= 1 $\frac{3}{6}$ grains	= 0,077.
Mur. de soude .	= $\frac{8}{19}$ grains	= 0,023.

Eaux de Pyrmont.

Poids	= 17927 $\frac{2}{13}$ grains	= 1000.
Pes. spéc. . . .	= 1,0024.	
Acide carbon. .	= 37 $\frac{2}{3}$ pouc. cub.	= 1,429.

Carb. de ch. . . = 8 $\frac{7}{15}$ grains = 0,473.

Carb. de magn. . = 19 $\frac{1}{10}$ grains = 1,063.

Carb. de fer . . = 1 $\frac{5}{8}$ grains = 0,077.

Sulf. de chaux . = 16 $\frac{3}{10}$ grains = 0,909.

Sulf. de magnésie = 10 $\frac{5}{8}$ grains = 0,579.

Mur. de soude . = 2 $\frac{31}{32}$ grains = 0165.

Eaux de Saint-Charles en Bohême. Chaleur 58 $\frac{2}{5}$.

Poids . . . . . . = 17900 grains = 1000.

Pesanteur spécifique.

Gaz hidr. sulfuré = 24 pouc. cub. = 0,442.

Carb. de chaux . = 10 $\frac{5}{32}$ grains = 0,568.

Carb. de soude . = 28 $\frac{5}{8}$ grains = 1,585.

Soufre . . . . . = 3 $\frac{7}{19}$ grains = 0,188.

Sulf. de soude . = 100 $\frac{1}{8}$ grains = 5,593.

Eaux d'Aix-la-Chapelle. Chaleur 49 $\frac{3}{5}$.

Poids . . . . . . = 17897 grains = 1000.

Pesanteur spé. . =

Gaz hidr. sulfuré = 24 pouc. cub. = 0,443.

Carb. de chaux . = 11 $\frac{13}{32}$ grains = 0,638.

Carb. de soude . = 29 $\frac{5}{8}$ grains = 1,655.

Soufre . . . . . = 3 $\frac{7}{19}$ grains = 0,188.

Mur. de soude . = 12 $\frac{9}{32}$ grains = 0,692.

56. Depuis quelque temps, l'art a gagné encore beaucoup dans l'imitation des eaux minérales, spécialement de celles qui sont chargées de fluides élastiques, et qui leur doivent leurs vertus. A l'aide de machines qui exercent une grande pression, on fait entrer dans l'eau jusqu'à quatre et même cinq ou six fois son volume d'acide carbonique, et on l'en charge ainsi plus que ne le fait la nature. On opère le même effet avec le gaz hidrogène sulfuré, même avec le gaz oxigène; et il y a lieu de croire que l'on formera par ce procédé une nouvelle matière médicale puisée dans les propriétés des fluides élastiques.

Fin du quatrième volume.

TABLE DES MATIÈRES

DU QUATRIÈME VOLUME.

SUITE DE LA CINQUIÈME SECTION.

Fin de la table du quatrième volume.

ERRATA.

Page 13, ligne 31. sujet, *lisez* la suite.

21. —— 1. état, *lisez* état solide.

27. —— 6. du carbone, *lisez*, de l'oxide de carbone.

41. —— 8. carbone, *lisez* charbon.

59. —— 15. et les alcalis fixes, *lisez* la potasse et la soude.

102. —— 9. *après* très-âcre, *ajoutez* donnant beaucoup de froid avec la glace.

118. *A la fin de la page, après les mots* par l'ammoniaque, *ajoutez :*

ESPÈCE 135.

Carbonate ammoniaco-glucinien.

Plus soluble que le carbonate de glucine; laissant précipiter celui-ci en poudre lorsqu'on chauffe avec le contact de l'air sa dissolution, et qu'on dissipe le carbonate d'ammoniaque en vapeur.

119. —— 1. Les cent trente-quatre, *lisez* les cent trente-cinq. *Faites la même correction dans tous les endroits où l'on ne parle que de* cent trente-quatre espèces de sels.

143. —— 4. des phosphites, *lisez* du phosphite de chaux.

150. —— 10. des phosphites au lieu de phosphates, *lisez* du phosphite au lieu de phosphate d'ammoniaque.

167. —— 13. des nitrites au lieu de nitrates, *lisez* du nitrite au lieu de nitrate de glucine.

181. —— 10. qu'avec, *lisez* que celui-ci n'en a pour.

182. —— 19. sulfates, *lisez* fluates.

Id. —— 23. fluate d'alumine, *lisez* de zircone.

183. —— 33. nitrate de barite, *lisez* nitrite de barite.

184. —— 6. douze, *lisez* onze.

189. —— 12. sulfates, *lisez* fluates.

196. —— 19. phosphates, *lisez* phosphites.

201. —— 19. action des muriates, *ajoutez* également inconnue.

225. —— 16. fluate d'ammoniaque, *lisez* borate d'ammoniaque.

232. —— 2. phosphorique, *lisez* phosphoreux.

247. —— 2. *retranchez les mots :* le carbonate de strontiane, outre.

276. —— 5. ajoutez la *chaux fluatée.*

287. —— 2. *spécifique*, lisez *générique.*

291. —— 14. sulfuriques, *lisez* sulfureuses.

292. —— 7. dix-septième, *lisez* dix-huitième.

www.ingramcontent.com/pod-product-compliance
Ingram Content Group UK Ltd.
Pitfield, Milton Keynes, MK11 3LW, UK
UKHW012012240726
13965UKWH00002B/325